Inhaltsverzeichnis

Zahlen und Operationen Raum und Form Größen und Messen Daten und Zufall

1

2

3 Meine Zahlen und Aufgaben:

› **1** Zahlen erkennen und nur diese nachspuren.
› **2** Richtig geschriebene Zahlen erkennen und einkreisen.
› **3** Der Zahlenraum ist hier offen.

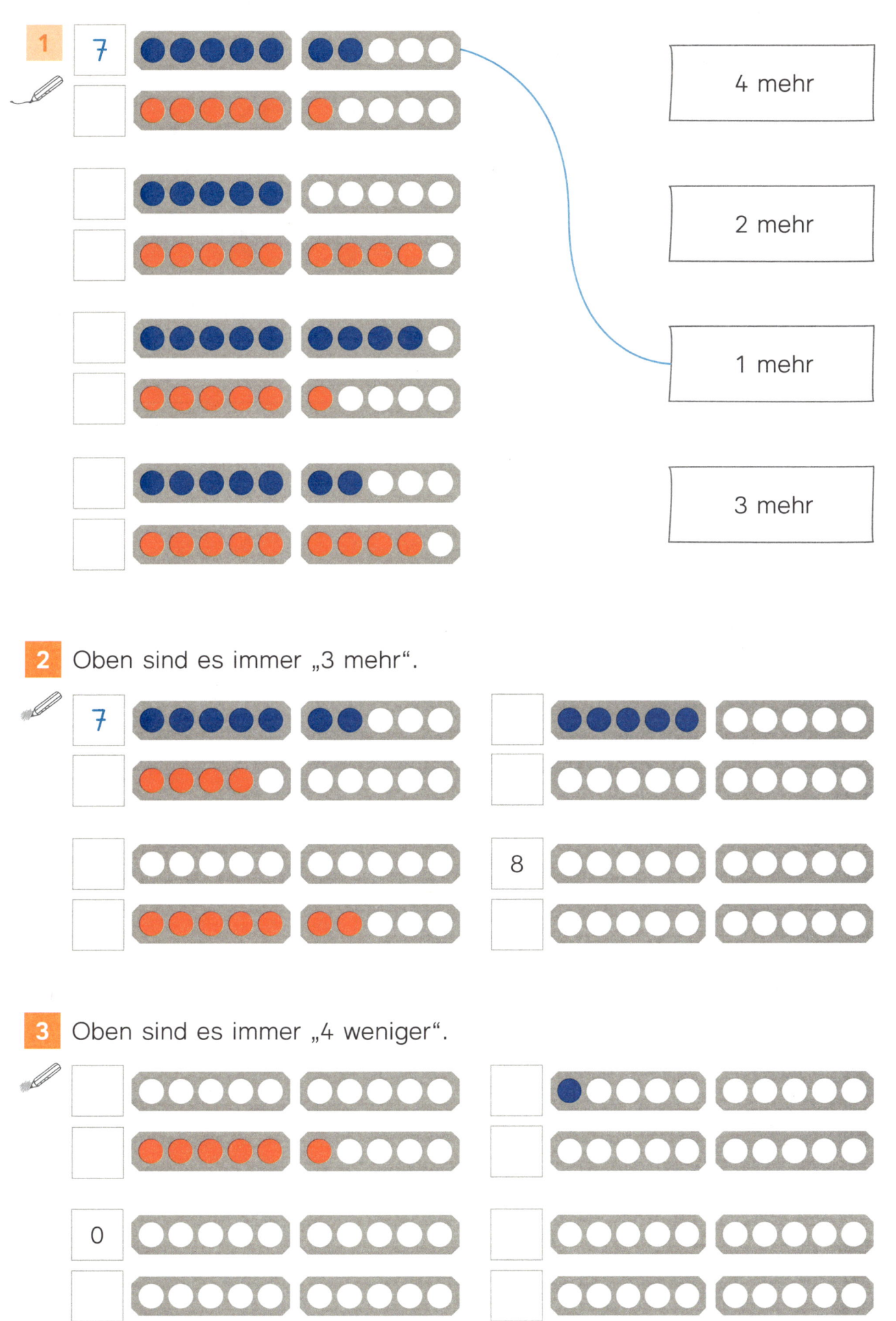

1 7

4 mehr

2 mehr

1 mehr

3 mehr

2 Oben sind es immer „3 mehr".

7

8

3 Oben sind es immer „4 weniger".

0

› **3** Bei der letzten Teilaufgabe eigene passende Zahlen wählen.

Was sehen die Kinder links (l), was sehen sie rechts (r)?

1 Fritz

l r    l r    l r    l r

2 Lisa

l r    l r    l r    l r

3 Lisa

l r    l r    l r    l r

› 2–3 Perspektivwechsel beachten.

1 Finde alle Zerlegungen.

7	8	9	10
4 + ___	3 + ___	2 + ___	5 + ___
___ + 5	___ + 4	___ + 0	___ + 1
0 + ___	5 + ___	7 + ___	10 + ___
___ + 6	___ + 1	___ + 4	___ + 2
3 + ___	6 + ___	1 + ___	4 + ___
___ + 2	___ + 7	___ + 6	___ + 3
___ + ___	0 + ___	8 + ___	6 + ___
___ + ___	___ + ___	___ + 9	___ + 8
	___ + ___	___ + ___	___ + ___
		___ + ___	___ + ___
			___ + ___

2

8   9   10

 + +    + +   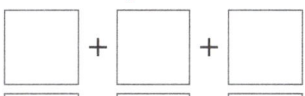 + +

3

8	9	10
5 + 2 + ___	2 + 3 + ___	___ + ___ + ___
3 + ___ + ___	6 + ___ + ___	___ + ___ + ___
1 + ___ + ___	___ + ___ + ___	___ + ___ + ___

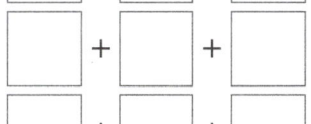 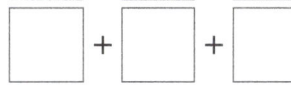

Schätze dich selbst ein!

› **1** Die noch fehlenden Zerlungen finden.
› **2–3** Zerlegungen in drei Summanden erkennen und aufschreiben.
› Den eigenen Lernstand einschätzen. Passend anmalen oder ankreuzen.

5

1 Ordne.

6

1 +	0 + 6
+ 4	_____
3 +	_____
~~0 + 6~~	_____
5 +	_____
+ 2	_____
6 +	_____

7

+ 3	_____
1 +	_____
+ 0	_____
5 +	_____
+ 4	_____
0 +	_____
	_____
	_____

2

7	6 + 3
9	4 + 4
10	2 + 5
6	4 + 6
8	5 + 1

5 + 5	1 +
6 + 1	3 +
8 + 1	+ 7
2 + 4	4 +
7 + 1	+ 2

3 Finde möglichst viele Zerlegungen.

13

› **1** Zerlegungen vervollständigen, fehlende Zerlegungen finden. Dann der Reihe nach ordnen.
› **2** Passend verbinden, fehlende Zahlen ergänzen.
› **3** Eigene Zerlegungen zur Zahl 13 schreiben.

1

			5	

				13

		7		

				11

2

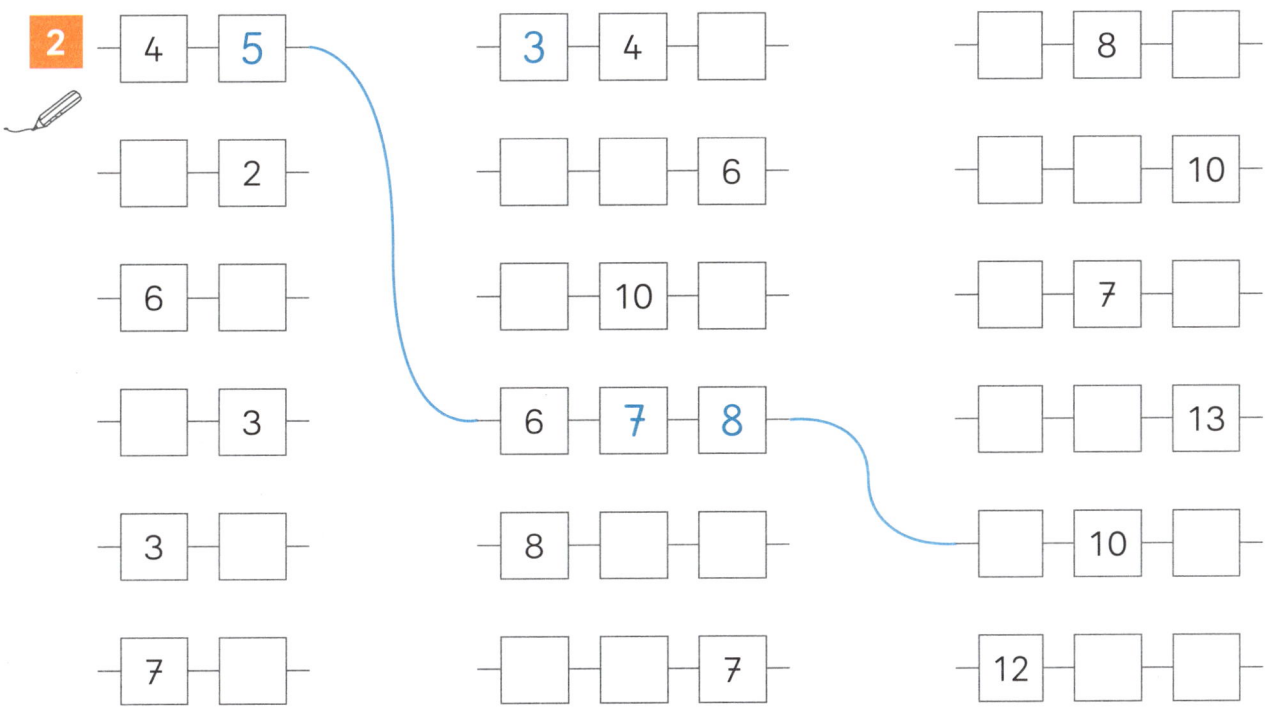

3

V	Zahl	N
	6	
	10	
		13

V	Zahl	N
		11
12		
	8	

V	Zahl	N
11		
	1	
		15

› **1** Zahlenreihen vervollständigen. Bei den unteren Teilaufgaben eigene Zahlenreihen schreiben.
› **2** Zahlenreihen vervollständigen und verbinden.
› **3** Vorgänger und Nachfolger bzw. die Zahl in der Mitte passend eintragen.

1

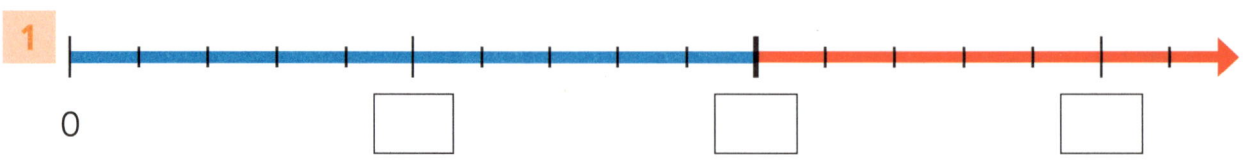

0

2

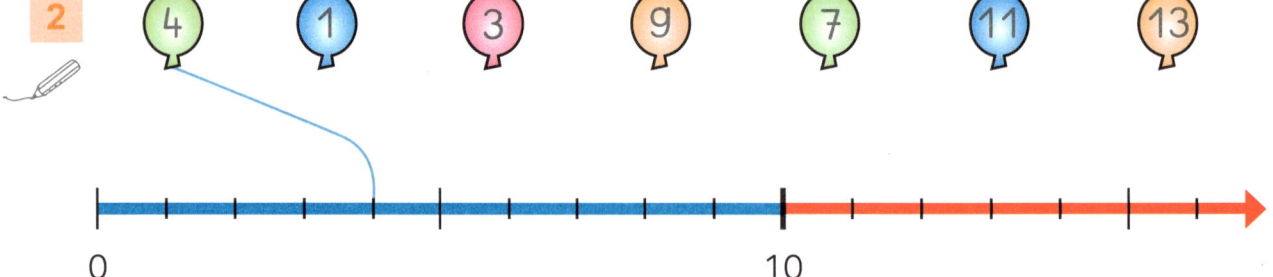

0   10

3

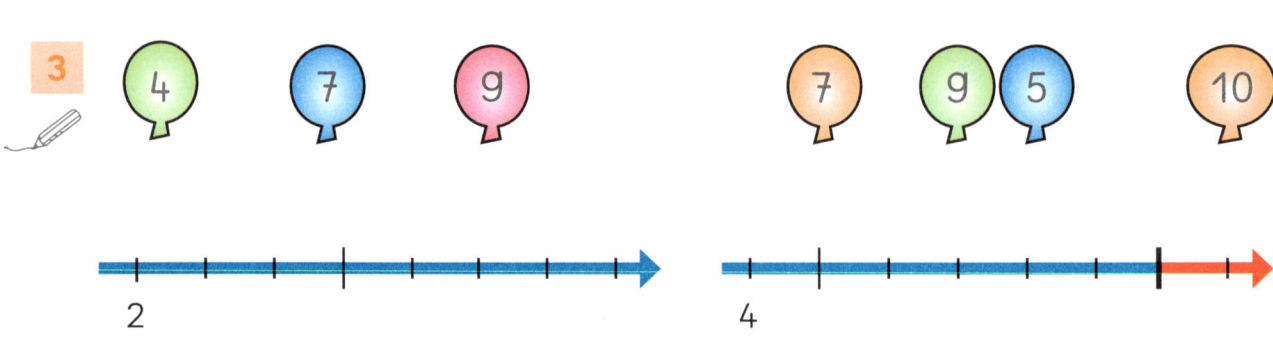

2   4

4

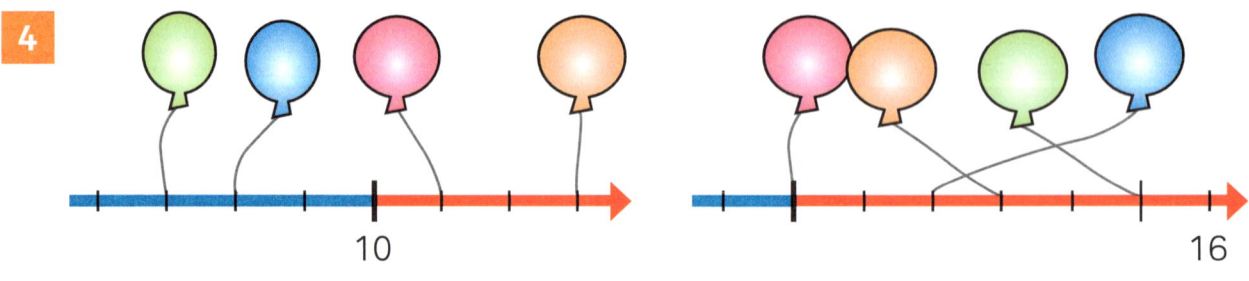

10   16

5 Die Zahlen zwischen 5 und 12: _____

Die Zahlen zwischen 9 und 15: _____

Die Zahlen zwischen 14 und 20: _____

6 Zähle in Schritten.

0, 3, 6, ___, ____, ____, 18   17, 15, 13, ____, ___, ___, 5

18, 16, 14, ____, ____, ___, 6   2, 5, 8, ____, ____, ____, 20

› 2–4 Standorte der Luftballons am Zahlenstrahl angeben.

1 Finde ein Grundmuster. Kreise es ein. Male weiter.

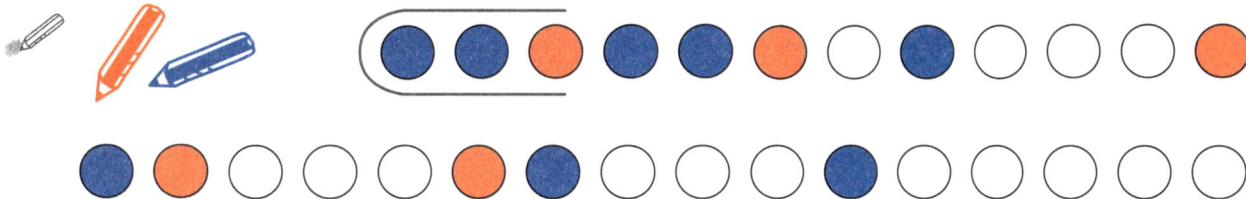

2 Finde zwei verschiedene Grundmuster. Male weiter.

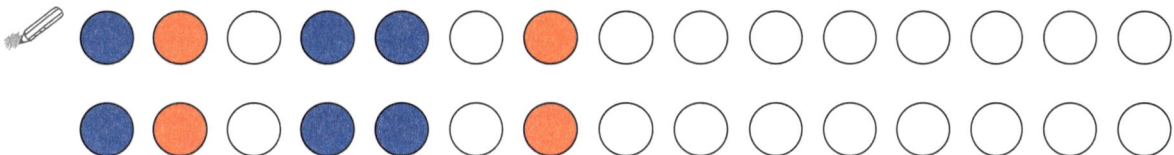

3 Welches Muster passt zu dem Grundmuster?

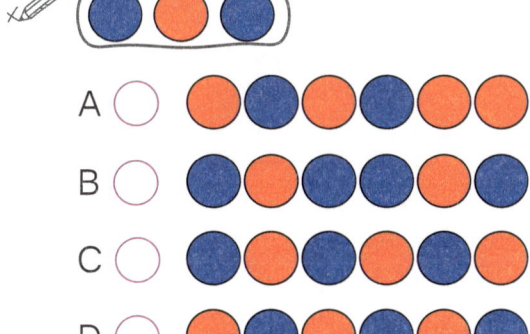

4 Welches Muster passt zu dem Grundmuster?

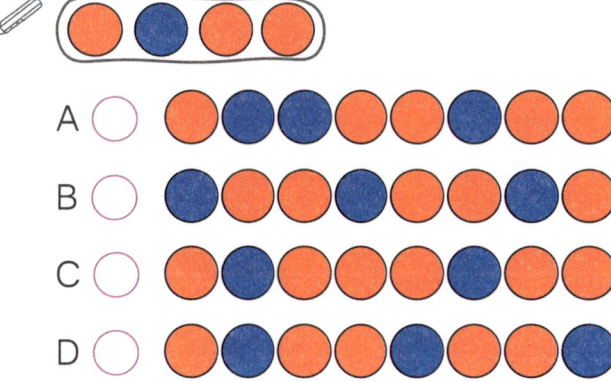

5 Kreise den Fehler im Muster ein.

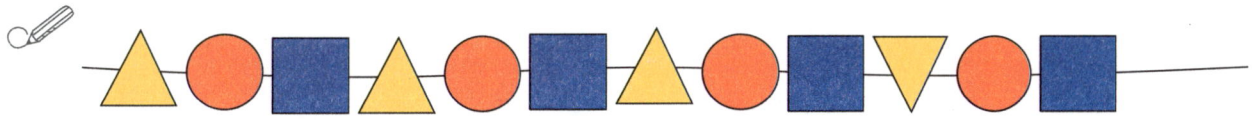

6 Auch hier ist etwas falsch. Kreise ein.

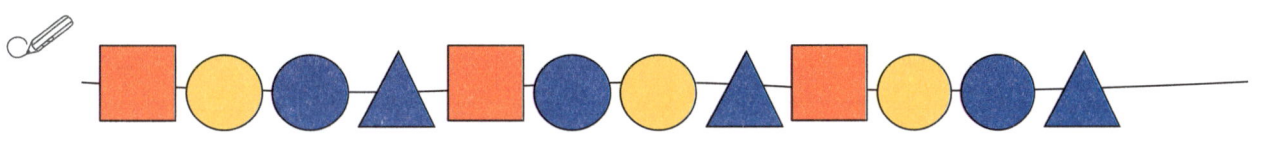

› **1–2** Bei Bedarf mit Plättchen ausprobieren, prüfen und das Grundmuster einkreisen. Anschließend anmalen.
› **3–4** Jeweils das eine richtige Muster ankreuzen.

1

4 + 2 = ___   0 + 5 = ___   2 + 4 = ___

4 + 3 = ___   1 + 5 = ___   2 + 3 = ___

4 + 4 = ___   2 + 5 = ___   2 + 2 = ___

4 + 5 = ___   3 + 5 = ___   2 + 1 = ___

4 + ___ = ___   4 + ___ = ___   2 + ___ = ___

2

8 + 1 = ___   7 + 3 = ___   0 + 4 = ___

8 + 2 = ___   6 + 3 = ___   2 + 4 = ___

8 + 3 = ___   5 + 3 = ___   4 + 4 = ___

8 + 4 = ___   4 + 3 = ___   6 + 4 = ___

___ + 5 = ___   ___ + 3 = ___   ___ + ___ = ___

3 Ordne und rechne.

| 3 + 1 | (crossed out) | 3 + 1 = ___ | | 6 + 7 | 6 + 3 = ___ |

| 3 + 5 | | 3 + 2 = ___ | | 6 + 4 | ___ |

| 3 + 3 | | ___ | | 6 + 6 | ___ |

| 3 + 4 | | ___ | | 6 + 5 | ___ |

| 3 + 2 | (crossed out) | ___ | | 6 + 3 | (crossed out) | ___ |

4 Bilde aus zwei Zahlen Plusaufgaben. Das Ergebnis ist immer 9.

4	7	9	9	6	2	9	1	5	4	7	2	5	6
5	3	0	6	9	6	3	8	2	1	9	1	4	3
2	6	4	3	1	5	4	6	7	8	3	6	2	4
8	0	9	7	2	0	7	1	9	0	4	5	8	1
1	5	4	1	3	6	2	6	5	4	6	9	0	7

› 4 Die Zahlenpaare sind waagerecht oder senkrecht angeordnet.

1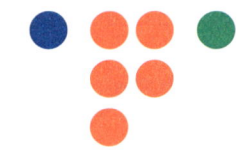

$2 + 4 +$ ___ $=$ ___
___ $+ 4 + 2 =$ ___

$1 + 5 +$ ___ $=$ ___
$1 +$ ___ $+ 5 =$ ___

$3 + 3 +$ ___ $=$ ___
$3 +$ ___ $+ 3 =$ ___

2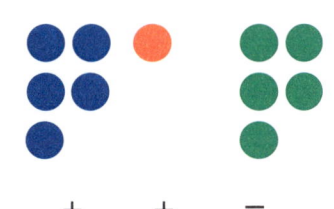

___ $+$ ___ $+ 4 =$ ___
___ $+$ ___ $+ 4 =$ ___

$3 +$ ___ $+$ ___ $=$ ___
___ $+ 3 +$ ___ $=$ ___

$2 +$ ___ $+$ ___ $=$ ___
___ $+ 2 +$ ___ $=$ ___

3

___ $+$ ___ $+$ ___ $=$ ___
___ $+$ ___ $+$ ___ $=$ ___

___ $+$ ___ $+$ ___ $=$ ___
___ $+$ ___ $+$ ___ $=$ ___

___ $+$ ___ $+$ ___ $=$ ___
___ $+$ ___ $+$ ___ $=$ ___

4

___ $+$ ___ $+$ ___ $=$ ___
___ $+$ ___ $+$ ___ $=$ ___
___ $+$ ___ $+$ ___ $=$ ___
___ $+$ ___ $+$ ___ $=$ ___
___ $+$ ___ $+$ ___ $=$ ___
___ $+$ ___ $+$ ___ $=$ ___

5

Finde alle Aufgaben!

___ $+$ ___ $+$ ___ $=$ ___
___ $+$ ___ $+$ ___ $=$ ___
___ $+$ ___ $+$ ___ $=$ ___
___ $+$ ___ $+$ ___ $=$ ___
___ $+$ ___ $+$ ___ $=$ ___
___ $+$ ___ $+$ ___ $=$ ___

› **1–4** Zahlen entsprechend der Farben der Platzhalter eintragen und Summe berechnen.
› **5** Analog zu Aufgabe 4 alle Aufgaben zum Punktebild finden.

1 Ordne die Plusaufgabe zu. Rechne aus.

 3 + 1 = ___

 4 + 4 = ___

7 + 2 = ___

3 + 5 + 4 = ___

5 + 2 + 5 = ___

2 Finde eigene Plusaufgaben im Bild.

 2 + 6 = ___

› **1** Bei den letzten Teilaufgaben passende Gegenstände im Bild finden, vor die Aufgabe malen.

Regel:
Die erste Zahl wird
immer _um 1 größer._
Die zweite Zahl
bleibt immer _gleich._
Das Ergebnis wird
immer _um 1 größer._

```
1 + 2 = 3
2 + 2 = 4
3 + 2 = 5
4 + 2 = 6
  +   =
```

5 + 2 = 7

 1 Setze fort. Schreibe die Regel.

```
 8 + 2 = ___        10 + 3 = ___
 6 + 3 = ___           +   = ___
   +   = ___           +   = ___
   +   = ___           +   = ___
   +   = ___           +   = ___
```

Regel:

Die erste Zahl wird
immer _____
Die zweite Zahl wird
immer _____
Das Ergebnis wird
immer _____

 2 Eine Regel, verschiedene Päckchen.

Regel:

Die erste Zahl bleibt
immer gleich.
Die zweite Zahl wird
immer um 2 größer.
Das Ergebnis wird
immer _____

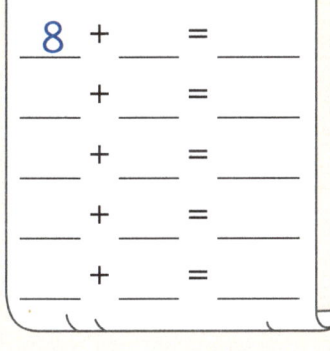
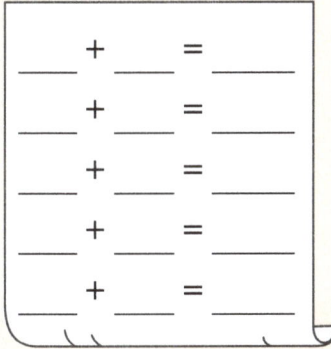

```
 8 + ___ = ___       ___ + ___ = ___
   + ___ = ___       ___ + ___ = ___
   + ___ = ___       ___ + ___ = ___
   + ___ = ___       ___ + ___ = ___
   + ___ = ___       ___ + ___ = ___
```

3 Setze auch nach oben fort.

```
   +   = ___           +   = ___       10 + 2 = ___
   +   = ___       11 + 2 = ___           +   = ___
 5 + 4 = ___           +   = ___           +   = ___
 5 + 5 = ___        7 + 6 = ___         7 + 5 = ___
 5 + 6 = ___        5 + 8 = ___           +   = ___
   +   = ___           +   = ___           +   = ___
   +   = ___           +   = ___           +   = ___
```

› 1–3 Entdecker-Päckchen: Aufgabenfolgen fortsetzen. Auffälligkeiten beschreiben, Regeln ergänzen.
› 2 Im rechten Entdecker-Päckchen können die Zahlen passend zur Regel frei gewählt werden.

13

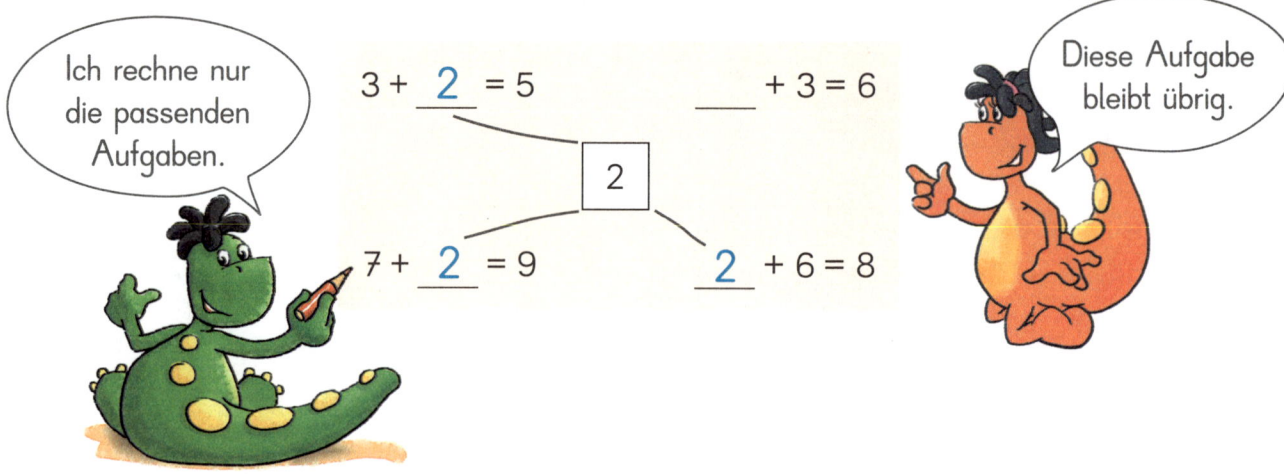

1 Rechne die passenden Aufgaben.

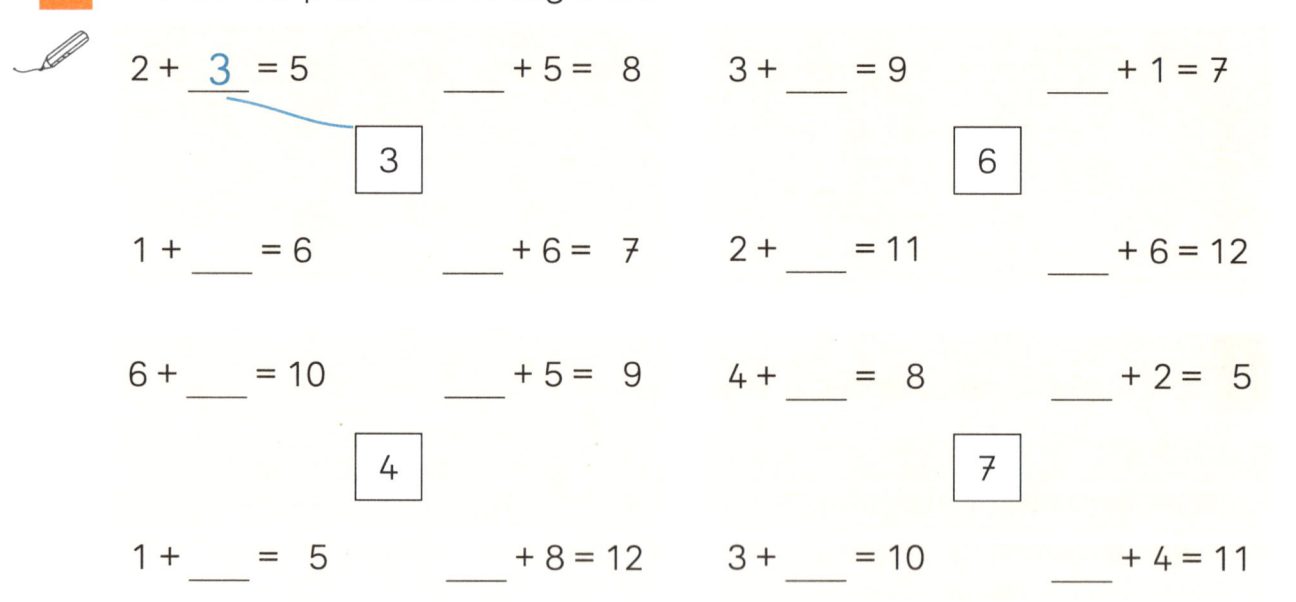

2 Finde eigene Aufgaben.

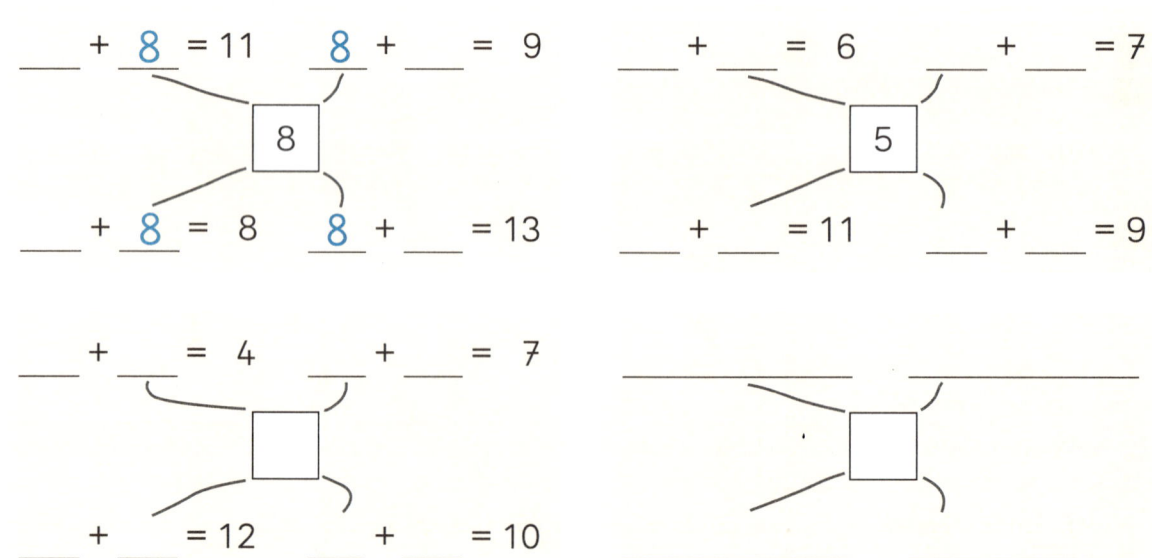

> **1** Prüfen, welche Aufgaben mit der Zahl in der Mitte richtig gelöst werden. Dort die Verbindungslinie einzeichnen und Zahl eintragen.
> **2** Analog zu Aufgabe 1 passende Aufgaben schreiben. Bei der letzten Teilaufgabe eigene Aufgaben finden.

Ich rechne
4 + 7.

Das Ergebnis
im Deckstein ist
11.

11

| 4 | 7 |

1

	9	
2		

	9	
4		

	9	
6		

	9	
8		

2

	7	
	5	

	7	
	4	

	7	
	3	

	7	
	2	

3 Was fällt dir auf?

	12	
	10	

	12	
	9	

	12	
	8	

	12	
	7	

Im Grundstein ☐ sind es immer ___ mehr.

4 Im Deckstein sind es immer 2 mehr.

	5	
2	3	

	7	
2		

2		

2		

Im Grundstein ☐ sind es immer ___ mehr.

5 Im Deckstein sind es immer 3 mehr.

1		

1		

1		

1		

Im Grundstein ☐ sind es immer ___ mehr.

› **1–5** Zahlenmauern: Benachbarte Zahlen werden addiert. Das Ergebnis steht in der Mitte darüber.
Hier mit Ergänzungsaufgaben lösen.
› **3–5** Gesetzmäßigkeiten erkennen bzw. zur Lösung befolgen. Bei **5** ist der Zahlenraum offen.

15

dritter Stein 5
zweiter Stein 3
erster Stein 2

$2 + 3 = 5$

$3 + 5 = 8,$ im Deckstein 8

8
5
3
2

1

5 | 3 | 4 | 2 | 3
2 | 4 | 3 | 10 | 11

2

5 | 2 | 4 | 3 | 6
3 | 6 | 4 | 5 | 2

3

2 | 3 | 4 | 5
4 | 5 | 6 | 7

Was fällt dir auf?

Von Turm zu Turm sind es im Deckstein immer _____ mehr.

4 Finde Möglichkeiten, um die 10 zu erreichen.

10 | 10 | 10 | 10 | 10 | 10
  | | 5 | | |
2 | 4 | | | |
6 | | | 10 | |

› 1–4 Rechentürme: Zwei übereinander stehende Zahlen addieren, das Ergebnis darüber schreiben.

Bilde aus vier verschiedenen Zahlenkarten sechs Aufgaben.
Nimm für jede Aufgabe immer zwei verschiedene Karten.

1

Karten: 2, 5, 4, 3

___ + ___ = 5
___ + ___ = 6
___ + ___ = 7
___ + ___ = 7
___ + ___ = 8
___ + ___ = 9

2

Karten: 6, 0, 3, 2

___ + ___ = 2
___ + ___ = 3
___ + ___ = 5
___ + ___ = 6
___ + ___ = 8
___ + ___ = 9

3

Karten: 3, 5, 1, 4

___ + ___ = 4
___ + ___ = 5
___ + ___ = 6
___ + ___ = 7
___ + ___ = 8
___ + ___ = 9

4

Karten: 3, 0, ___, 2

___ + ___ = 2
___ + ___ = 3
___ + ___ = 5
___ + ___ = 7
___ + ___ = 9
___ + ___ = 10

5

Karten: 4, ___, 6, 3

___ + ___ = 5
___ + ___ = 6
___ + ___ = 7
___ + ___ = 8
___ + ___ = 9
___ + ___ = 10

6

Karten: 3, ___, ___, 5

___ + ___ = 3
___ + ___ = 5
___ + ___ = 6
___ + ___ = 8
___ + ___ = 9
___ + ___ = 11

› **1–6** Sechser-Pack: Aus vier verschiedenen Zahlen sechs Aufgaben bilden.
Dabei in einer Teilaufgabe nie eine Zahlenkarte doppelt verwenden. Aufgabe und Tauschaufgabe gelten als eine Aufgabe.
› **4–6** Zunächst die fehlenden Zahlenkarten ermitteln.

1 a) 9 – 2 = ___   b) 6 – 6 = ___   c) 7 – 4 = ___

9 – 3 = ___   7 – 6 = ___   7 – 3 = ___

9 – 4 = ___   8 – 6 = ___   7 – 2 = ___

9 – 5 = ___   9 – 6 = ___   7 – 1 = ___

9 – ___ = ___   10 – ___ = ___   7 – ___ = ___

2 a) 7 – 3 = ___   b) 12 – 6 = ___   c) 14 – 4 = ___

6 – 3 = ___   12 – 5 = ___   12 – 4 = ___

5 – 3 = ___   12 – 4 = ___   10 – 4 = ___

4 – 3 = ___   12 – 3 = ___   8 – 4 = ___

___ – 3 = ___   ___ – 2 = ___   ___ – ___ = ___

3 Ordne und rechne.

 a)

| 8 – 3 |
| 8 – 5 |
| 8 – 7 |
| 8 – 4 |
| 8 – 6 |

8 – 3 = ___

8 – 4 = ___

___ – ___ = ___

___ – ___ = ___

___ – ___ = ___

b)

| 7 – 2 |
| 7 – 4 |
| 7 – 6 |
| 7 – 5 |
| 7 – 3 |

7 – 6 = ___

___ – ___ = ___

___ – ___ = ___

___ – ___ = ___

___ – ___ = ___

4 Bilde aus zwei Zahlen Minusaufgaben. Das Ergebnis ist immer 3.

7	4	9	6	8	2	9	5	1	7	4	0	5	2
5	9	5	7	6	3	3	2	6	8	6	5	4	1
2	6	2	6	5	7	3	7	3	5	1	6	0	8
8	7	4	3	2	4	5	2	9	3	7	3	1	5
9	6	5	2	3	0	6	4	1	0	4	8	5	0

› 4 Die Zahlenpaare sind waagerecht oder senkrecht angeordnet.

1 Ordne die Minusaufgaben zu. Rechne aus.

  6 – 2 = ___

☐ 5 – 2 = ___

  4 – 3 = ___

☐ 9 – 2 = ___

☐ 6 – 5 = ___

☐ 4 – 1 = ___

2 Finde eigene Minusaufgaben.

 8 – 3 = ___

› **1** Bei den letzten Teilaufgaben passende Gegenstände im Bild finden, vor die entsprechende Aufgabe malen.

Regel:

Die **erste Zahl** bleibt immer _gleich._

Die **zweite Zahl** wird immer _um 1 kleiner._

Das **Ergebnis** wird immer _um 1 größer._

8	− 6	=	2
8	− 5	=	3
8	− 4	=	4
8	− 3	=	5
8	− 2	=	6

8 − 2 = 6

---

1 Setze fort. Schreibe die Regel.

Regel:

Die **erste Zahl** wird immer _um 1 kleiner._

Die **zweite Zahl** wird immer _um 1 kleiner._

Das **Ergebnis** _____

_____

9	− 8	=	___
8	− 7	=	___
___	− ___	=	___
___	− ___	=	___
___	− ___	=	___

10	− 6	=	___
9	− 5	=	___
___	− ___	=	___
___	− ___	=	___
___	− ___	=	___

---

2 Eine Regel, verschiedene Päckchen.

Regel:

Die **erste Zahl** wird immer um 2 kleiner.

Die **zweite Zahl** bleibt immer gleich.

Das **Ergebnis** wird immer _____

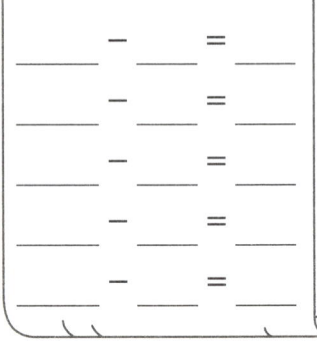

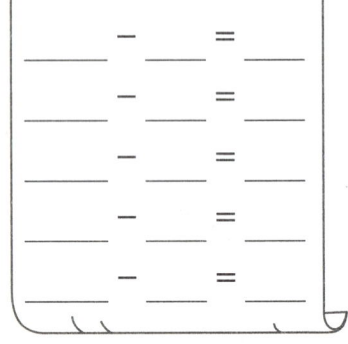

---

3 Setze auch nach oben fort.

___	− ___	=	
___	− ___	=	
9	− 7	=	___
10	− 7	=	___
11	− 7	=	___
___	− ___	=	
___	− ___	=	

___	− ___	=	
11	− 6	=	___
___	− ___	=	
7	− 4	=	___
5	− 3	=	___
___	− ___	=	
___	− ___	=	

0	− 0	=	___
___	− ___	=	
___	− ___	=	
6	− 3	=	___
___	− ___	=	
12	− 6	=	___

› **1–2** Die Regel gilt für alle Päckchen der Aufgabe. **2** Die Zahlen können passend zur Regel frei gewählt werden.
› **3** Je Päckchen die Regel finden und anwenden.

1 Drei Zahlen, vier Aufgaben.

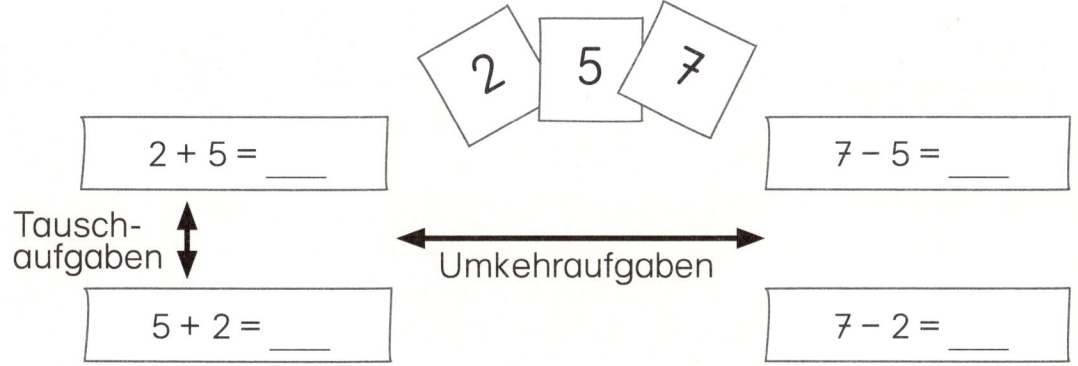

2 5 7

2 + 5 = ___

Tausch-aufgaben

Umkehraufgaben

5 + 2 = ___

7 – 5 = ___

7 – 2 = ___

2 Schreibe jeweils vier passende Aufgaben.

a)

3 4 7

_3_ + _4_ = ___   _7_ – ___ = ___

___ + ___ = ___   ___ – ___ = ___

b)

13 5 8

___ + ___ = ___   ___ – ___ = ___

___ + ___ = ___   ___ – ___ = ___

c)

6 6 0

___ + ___ = ___   ___ – ___ = ___

___ + ___ = ___   ___ – ___ = ___

3 a) ___ + 2 = 10
     ___ + 6 = 10
     ___ + 7 = 10
     ___ + 9 = 10

b) ___ + 1 = 7
    ___ + 2 = 6
    ___ + 3 = 5
    ___ + 4 = 4

c) ___ + 6 = 9
    ___ + 3 = 7
    ___ + 2 = 8
    ___ + 5 = 6

4 a) ___ – 2 = 8
     ___ – 5 = 5
     ___ – 3 = 7
     ___ – 6 = 4

b) ___ – 2 = 0
    ___ – 7 = 1
    ___ – 3 = 3
    ___ – 4 = 3

c) ___ – 4 = 4
    ___ – 4 = 0
    ___ – 1 = 6
    ___ – 5 = 2

› **1 – 2** Mit drei Zahlen Tauschaufgaben und Umkehraufgaben schreiben und lösen.
› **3 – 4** Mit Hilfe der Umkehraufgabe lösen.

21

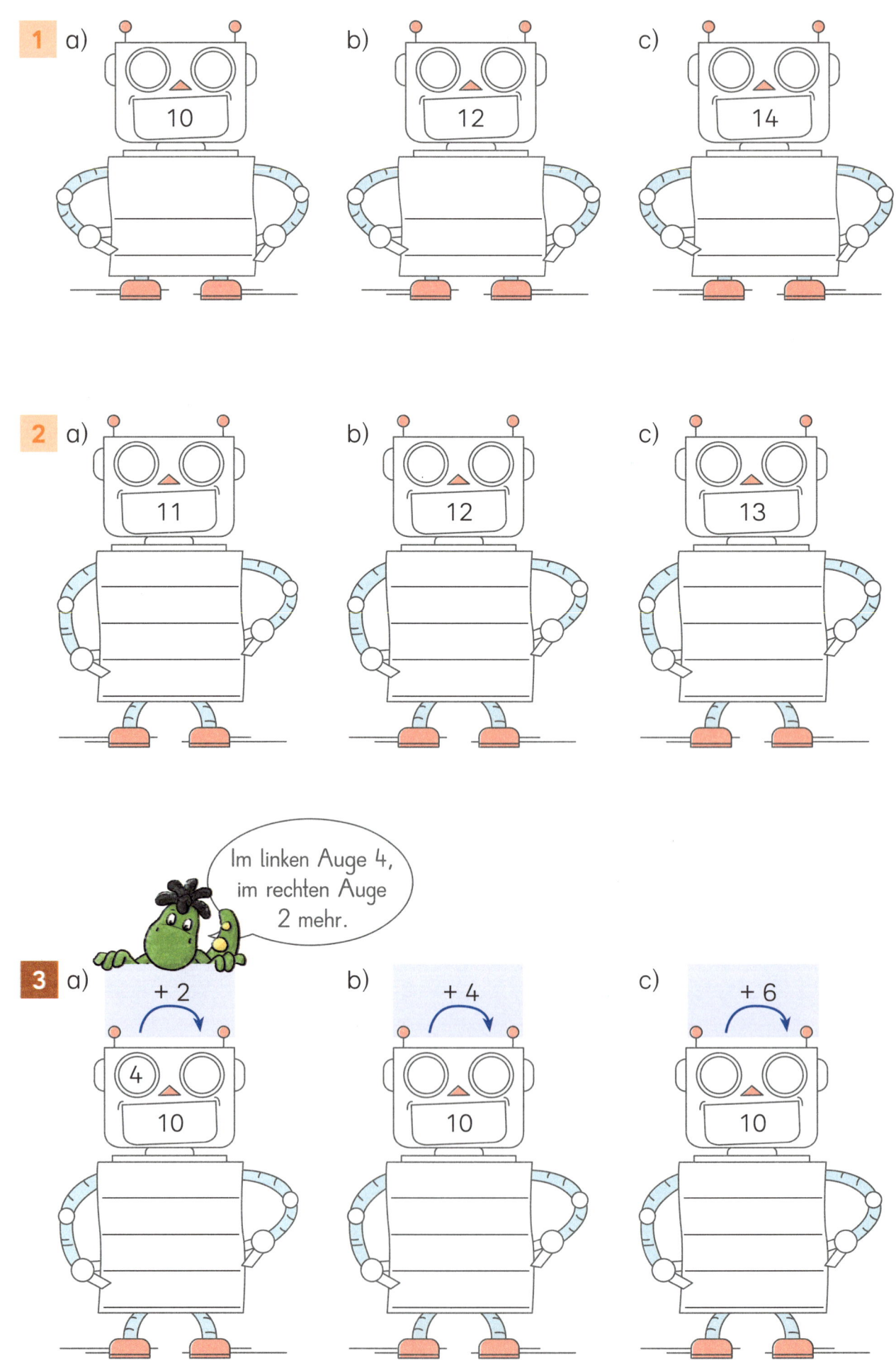

1 a) 10   b) 12   c) 14

2 a) 11   b) 12   c) 13

Im linken Auge 4, im rechten Auge 2 mehr.

3 a) + 2   4   10   b) + 4   10   c) + 6   10

› **2** Eigene Zerlegungen finden und dazu vier Aufgaben schreiben und lösen.
› **3** Der Unterschied zwischen den Augenzahlen steht auf dem Pfeil.

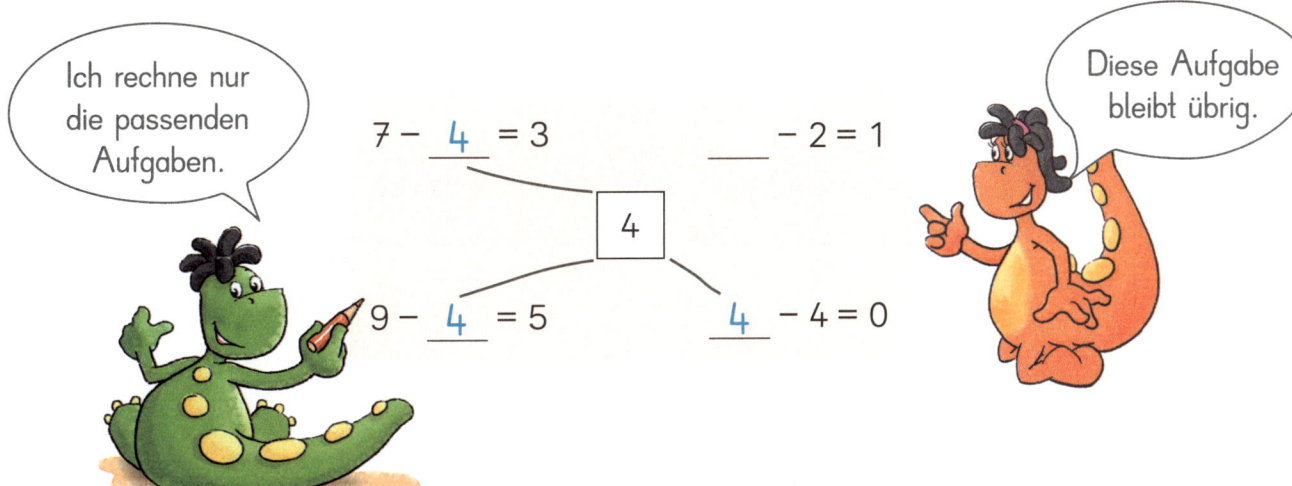

Ich rechne nur die passenden Aufgaben.

Diese Aufgabe bleibt übrig.

$7 - \underline{4} = 3$ $\underline{} - 2 = 1$

4

$9 - \underline{4} = 5$ $\underline{4} - 4 = 0$

1 Rechne die passenden Aufgaben.

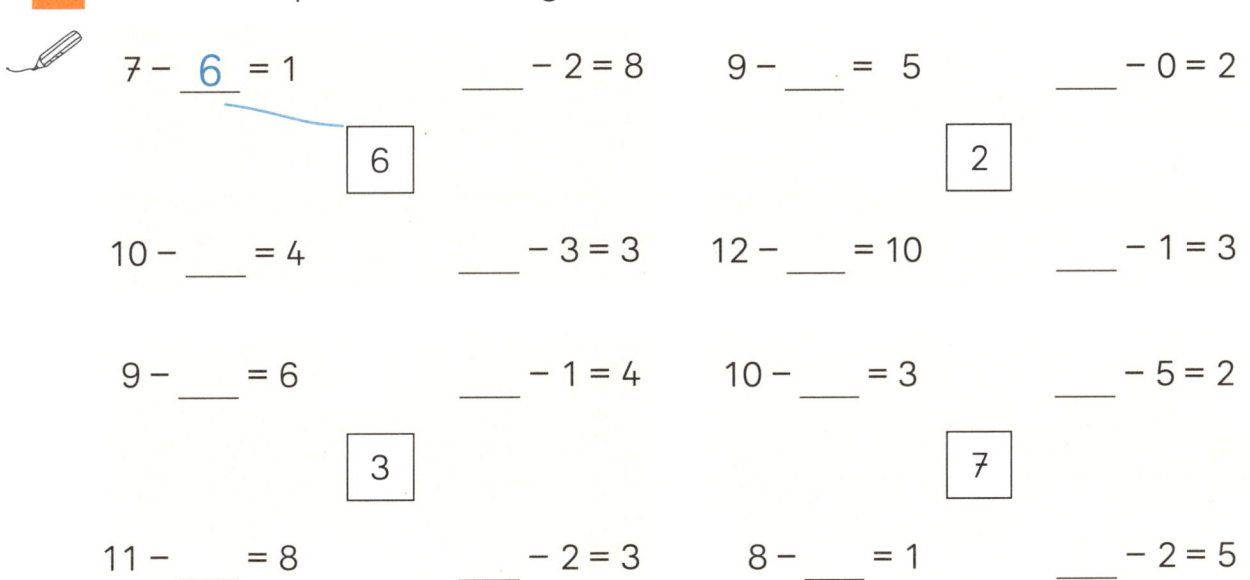

$7 - \underline{6} = 1$ $\underline{} - 2 = 8$ $9 - \underline{} = 5$ $\underline{} - 0 = 2$

6   2

$10 - \underline{} = 4$ $\underline{} - 3 = 3$ $12 - \underline{} = 10$ $\underline{} - 1 = 3$

$9 - \underline{} = 6$ $\underline{} - 1 = 4$ $10 - \underline{} = 3$ $\underline{} - 5 = 2$

3   7

$11 - \underline{} = 8$ $\underline{} - 2 = 3$ $8 - \underline{} = 1$ $\underline{} - 2 = 5$

2 Finde eigene Aufgaben.

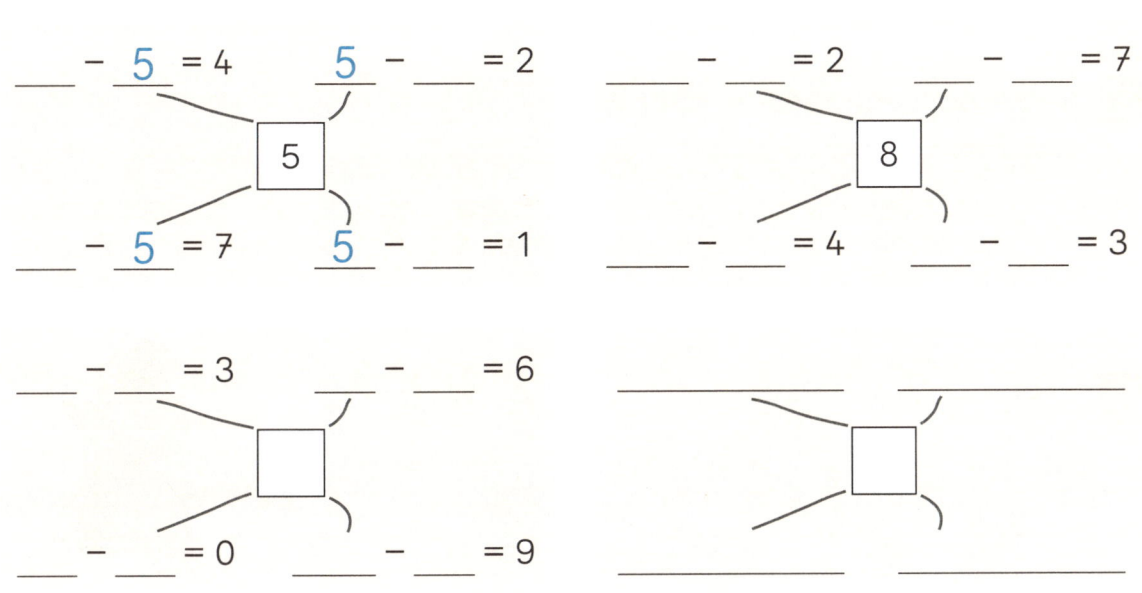

$\underline{} - \underline{5} = 4$ $\underline{5} - \underline{} = 2$ $\underline{} - \underline{} = 2$ $\underline{} - \underline{} = 7$

5   8

$\underline{} - \underline{5} = 7$ $\underline{5} - \underline{} = 1$ $\underline{} - \underline{} = 4$ $\underline{} - \underline{} = 3$

$\underline{} - \underline{} = 3$ $\underline{} - \underline{} = 6$

$\underline{} - \underline{} = 0$ $\underline{} - \underline{} = 9$

› **1** Prüfen, welche Aufgaben mit der Zahl in der Mitte richtig gelöst werden. Dort die Verbindungslinie einzeichnen und Zahl eintragen.
› **2** Analog zu Aufgabe 1 passende Aufgaben schreiben. Bei der letzten Teilaufgabe eigene Aufgaben finden.

1 Setze ein: <, > oder =

a) 4 + 3 ◯ 9
5 + 2 ◯ 7
5 + 3 ◯ 8

b) 9 ◯ 10 − 2
3 ◯ 8 − 4
5 ◯ 9 − 2

c) 9 ◯ 4 + 5
2 ◯ 8 − 7
4 ◯ 9 − 6

2 Setze ein: <, > oder =

a) 6 + 6 ◯ 7 + 6
5 + 5 ◯ 5 + 6
7 + 5 ◯ 7 + 7

b) 14 − 2 ◯ 14 − 3
12 − 3 ◯ 13 − 4
12 − 2 ◯ 12 − 1

c) 7 + 2 ◯ 6 + 3
10 − 0 ◯ 11 − 2
13 − 5 ◯ 13 − 3

3 Setze die fehlenden Zahlen ein.

a) 5 + 5 = 4 + ___
7 − 3 = ___ − 4
4 + 4 = ___ + 2

b) 7 + ___ = 11 − 2
___ − 8 = 0 + 2
___ + 3 = 4 + 4

c) 10 − 2 = 9 − ___
10 − 2 = 11 − ___
10 − 2 = 13 − ___

4 Finde verschiedene Lösungen.

a) ___ + ___ = 5 + 4
___ + ___ = 5 + 4
___ + ___ = 5 + 4

b) 3 + ___ = ___ + 5
3 + ___ = ___ + 5
3 + ___ = ___ + 5

c) ___ + 7 = 2 + ___
___ + 7 = 2 + ___
___ + 7 = 2 + ___

5 Setze passend ein: + oder −

a) 6 ◯ 3 ◯ 4 = 7
7 ◯ 3 ◯ 4 = 6
8 ◯ 4 ◯ 1 = 5

b) 5 ◯ 5 ◯ 6 = 4
5 ◯ 6 ◯ 5 = 6
6 ◯ 5 ◯ 6 = 7

6 Setze passende Rechenzeichen und Zahlen ein.

a) 9 = ___ ◯ 2
8 = ___ ◯ 5

b) 2 ◯ ___ ◯ ___ = 7
10 ◯ ___ ◯ ___ = 9

Hier gibt es verschiedene Lösungen.

› 2 Zusammenhänge nutzen.
› 4 u. 6 Es sind verschiedene Lösungen möglich.

1 Ordne die Aufgaben zu. Rechne aus.

   5 + 5 = _____

     4 + 1 = ___   7 − 3 = ___

     3 + 3 + 3 = ___   5 − 2 = ___

2 Finde eigene Aufgaben zu dem Bild.

+

−

› **1** Bei einigen Teilaufgaben passende Gegenstände im Bild finden, vor die entsprechende Aufgabe malen.

25

1 Lege aus. Zähle.

2 Lege anders aus. Zähle.

3 Lege aus. Zähle.

4 Lege anders aus. Zähle.

Jan

Merve

Johanna

Leopold

1 Was sehen die Kinder links (l), was sehen sie rechts (r)?

Leopold sieht den 🟥 _____. Johanna sieht alle 🏀 _____.

Jan sieht den 🏀 _____. Merve sieht alle 🔵 _____.

2 Wer kann den kleinen Kasten 🟥 <u>nicht</u> sehen?

_____

3 a) Wer bin ich? Verbinde.

Ich sehe vor der 🔵 die 🔵.
Ich sehe den ⚪ zwischen Johanna und mir.
Ich sehe rechts neben mir die Matten.

Leopold

Merve

Johanna

Jan

b) Ein Kind fehlt. Finde einen passenden Satz.

<u>Ich sehe</u> _____

4 Wahr oder falsch? Kreuze an.

	wahr	falsch
Die Seile hängen über den Matten.	☐	☐
Auf der Linie zwischen Merve und Johanna stehen sechs Hütchen.	☐	☐
Johanna sieht rechts hinter dem Kasten Leopold stehen.	☐	☐
Jan sieht den weißen Ball unter dem Kasten.	☐	☐

😃 🙂 😐 🙁

Jede Aufgabe ist anders.

A ◯ B ✗
C ◯ D ◯

Welche Lösungt passt? Kreuze an.

1 Was passt dazu?

A ◯  B ◯

C ◯  D ◯

2

1	6	11

?	8	13

A ◯ 2   B ◯ 3

C ◯ 4   D ◯ 7

3

```
      9
    4   5
  3   ?   ?
```

A ◯ 3 3   B ◯ 1 5

C ◯ 1 4   D ◯ 3 4

4 Welcher dieser Füße ist ein linker Fuß?

A ◯ 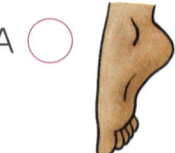   B ◯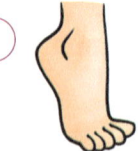

C ◯ 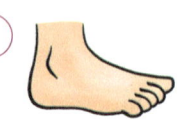   D ◯

5 a) Welche Zahlen sind von 7 gleich weit entfernt?

A ◯ 3 und 13
B ◯ 1 und 12
C ◯ 3 und 12
D ◯ 2 und 12

b) Welche Zahlen sind von 13 gleich weit entfernt?

A ◯ 7 und 21   B ◯ 7 und 18
C ◯ 7 und 19   D ◯ 7 und 20

Jede Aufgabe ist anders.

Welche Lösungt passt? Kreuze an.

A ⊗ B ⊗
C ⊗ D ◯

1 Setze fort. Was passt?

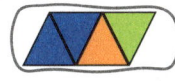

A ◯

B ◯

C ◯

D ◯

2 Wie viele Quadrate sind es?

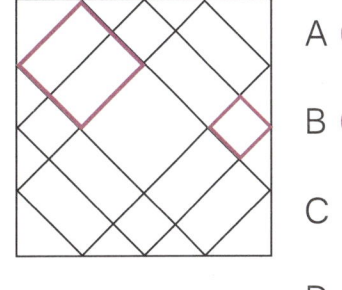

A ◯ 10

B ◯ 12

C ◯ 15

D ◯ 16

3 Welche Zahlen passen in die Augen?

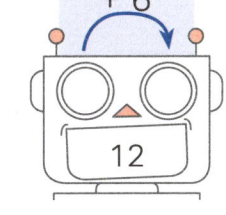

A ◯ 2 und 8

B ◯ 5 und 7

C ◯ 3 und 9

D ◯ 2 und 10

4 Welche Grundsteine sind nicht möglich?

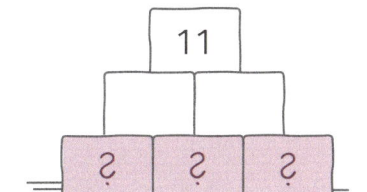

A ◯ | 0 | 0 | 11 | B ◯ | 2 | 6 | 3 |

C ◯ | 4 | 1 | 5 | D ◯ | 0 | 5 | 1 |

5 Regel:
Die erste Zahl bleibt immer gleich.
Die zweite Zahl wird immer um 1 kleiner.
Die dritte Zahl wird immer um 1 größer.
Das Ergebnis ...

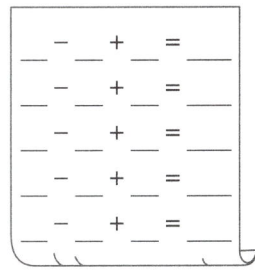

A ◯ ... wird immer um 2 kleiner.

B ◯ ... wird immer um 2 größer.

C ◯ ... wird immer um 1 größer.

D ◯ ... bleibt immer gleich.

1 Färbe passend.

 | 13 | 19 | 15 | 17 | 20 | 11 |

zwanzig	Z E 1 7	10 + 5	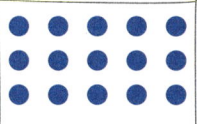	elf
Z E 1 9	10 + 3		Z E 1 3	10 + 10
siebzehn	Z E 1 5	10 + 9	dreizehn	
	Z E 2 0	10 + 1		Z E 1 1
fünfzehn	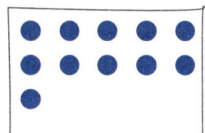	neunzehn	10 + 7	

2 Immer 14.

10 + 4   6 + 8   15 − 1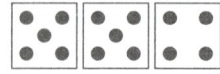

3 Immer 21.

› **2–3** Eigene Aufgaben und Darstellungen zu den Zahlen finden. Individuelle Lösungen.

1

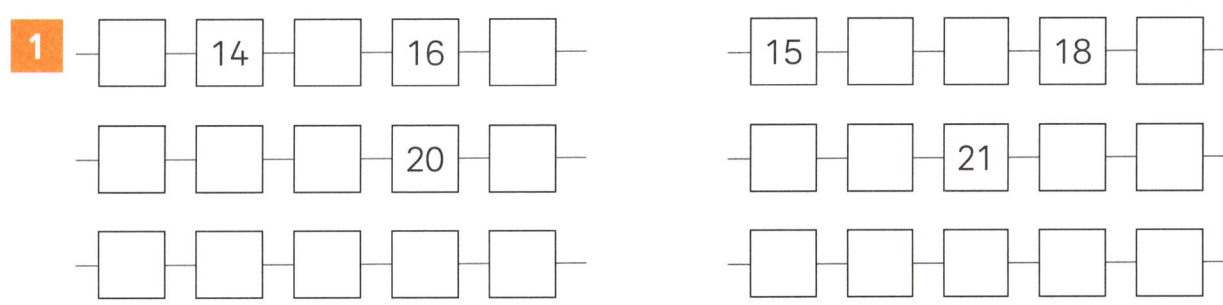

2

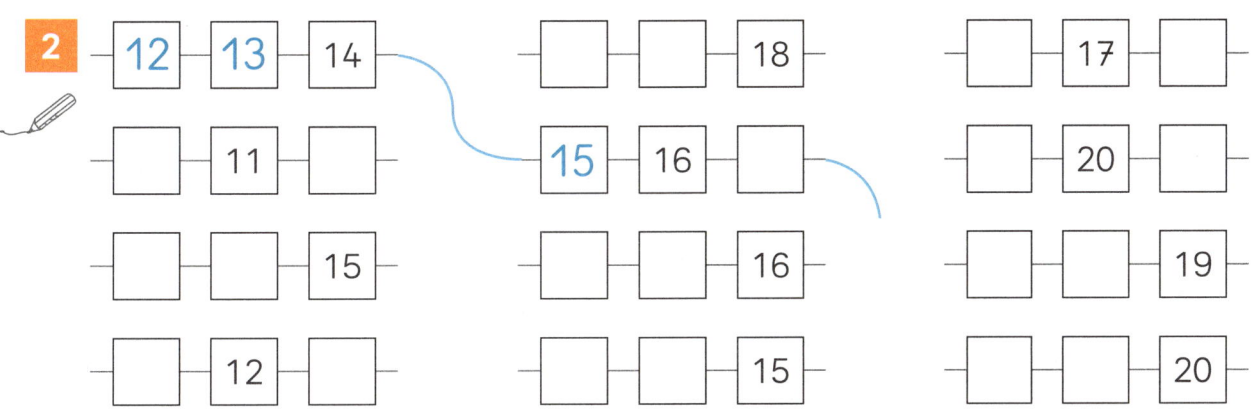

3

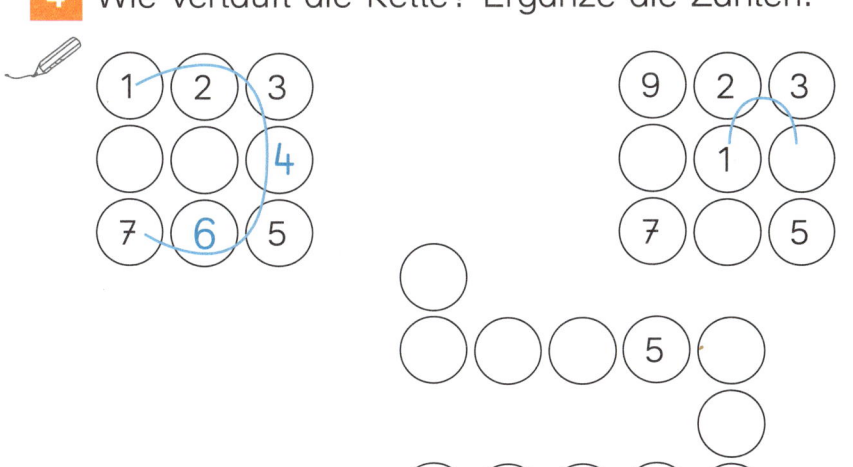

V	Zahl	N
		5
11		
	16	

V	Zahl	N
	17	
		15
18		

V	Zahl	N
15		
	20	
		19

4 Wie verläuft die Kette? Ergänze die Zahlen.

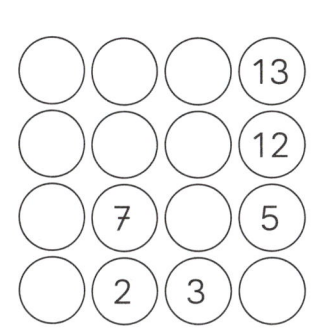

› **1** Zahlenfolgen vervollständigen. Bei den letzten Teilaufgaben eigene Folgen eintragen.
› **2** Zahlenfolgen vervollständigen, fortlaufende verbinden.
› **4** Verlauf der Zahlenkette einzeichnen, fehlende Zahlen ergänzen.

31

1 Kleiner, größer oder gleich? Setze ein: < , > oder =

4 ◯ 10	9 ◯ 9	16 ◯ 14	12 ◯ 19
11 ◯ 12	11 ◯ 19	10 ◯ 10	17 ◯ 17
19 ◯ 14	12 ◯ 13	17 ◯ 14	11 ◯ 14

2 Finde eine passende Zahl.

10 > ___	___ = 19	14 < ___	___ < 15
12 < ___	___ > 18	6 > ___	___ = 15
7 < ___	___ < 11	9 = ___	___ > 15

3 Zahlenrätsel. Welche Zahlen können es sein?

a)  Meine Zahl ist kleiner als 7.

6,_____

b)  Meine Zahl ist größer als 9 und kleiner als 15.

_____

c)  Meine Zahl ist kleiner als 18 und größer als 14.

_____

d)  Meine Zahl hat zwei Ziffern und ist kleiner als 17.

_____

4 Finde ein eigenes Zahlenrätsel und löse es.

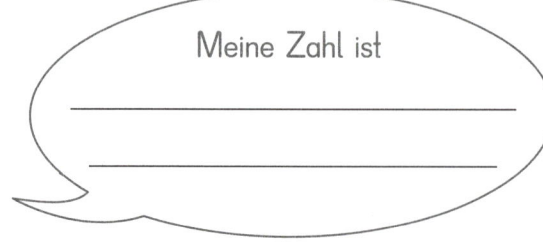

Meine Zahl ist
_____   _____
_____

☺ ☺ ☺ ☹

> **2** Mindestens eine passende Zahl eintragen. Verschiedene Lösungen möglich.
> **3** Alle Zahlen aufschreiben, die die Bedingung erfüllen.

1 Finde eine passende Zahl.

4 + ___ = 7   ___ + 3 = 18   7 < ___ + 3

3 + ___ = 9   ___ + 5 = 16   5 = ___ − 4

3 + ___ > 5   ___ + 13 > 16   11 > ___ + 3

6 + ___ < 14   ___ + 7 < 10   12 < ___ − 2

2 Welche Aufgaben sind richtig? Kreuze sie an.

○ 4 + 2 < 7 + 1   ○ 4 + 4 < 7 + 1   ○ 5 + 5 < 6 + 3

○ 6 + 3 = 3 + 6   ○ 14 − 4 > 5 + 3   ○ 16 + 2 > 14 + 3

○ 4 − 3 < 14 − 4   ○ 13 + 4 < 13 + 3   ○ 13 + 2 = 14 + 1

○ 7 − 1 < 5 − 3   ○ 12 + 1 > 10 + 3   ○ 15 − 3 = 12 + 2

3 Kleiner, größer oder gleich? Setze ein: **<**, **>** oder **=**

7 + 2 ● 5   16 + 3 ● 11 + 3   15 − 5 ● 7 + 2

3 + 5 ● 9   18 − 1 ● 16 + 1   17 − 7 ● 12 + 1

5 + 8 ● 4   10 + 2 ● 11 − 4   11 + 4 ● 19 − 4

8 − 5 ● 2   19 − 7 ● 14 − 5   19 + 3 ● 17 + 4

4 Finde passende Aufgaben.

___ + ___ **<** ___ + ___   ___ − ___ **<** ___ − ___

___ + ___ **=** ___ + ___   ___ − ___ **=** ___ − ___

___ + ___ **>** ___ + ___   ___ − ___ **>** ___ − ___

___ + ___ ● ___ + ___   ___ − ___ ● ___ − ___

___ + ___ ● ___ + ___   ___ − ___ ● ___ − ___

› **1** Eine passende Zahl eintragen. Bei den Ungleichungen sind verschiedene Lösungen möglich.
› **4** Zahlen passend einsetzen. Auch eigene Gleichungen und Ungleichungen schreiben.

1

☐	☐	☐	☐	☐
☐	☐	☐	☐	☐
5	2	4	3	6
5	5	10	7	4

2

				20
☐	☐	☐	☐	☐
14	10	15	16	☐
☐	☐	☐	3	5
4	3	11	☐	☐

3

☐	☐	☐	☐
☐	☐	☐	☐
2	3	4	5
4	5	6	7

Was fällt dir auf?

Von Turm zu Turm im Deckstein immer ____ mehr.

4

☐	☐	☐	☐	☐
☐	☐	☐	☐	☐
6	5	4	3	☐
4	5	6	7	☐

Von Turm zu Turm im Deckstein immer _____.

5

☐	☐	☐	☐	☐
☐	☐	☐	☐	☐
8	9	10	11	☐
6	5	4	3	☐

Von Turm zu Turm im Deckstein immer _____.

› **1–5** Rechentürme: Zwei übereinander stehende Zahlen addieren, das Ergebnis darüber schreiben.
› **3–5** Auch in den anderen Ebenen der Türme Zusammenhänge erkennen. So bei **4** u. **5** die letzten Türme schreiben.

1 immer +2, −1

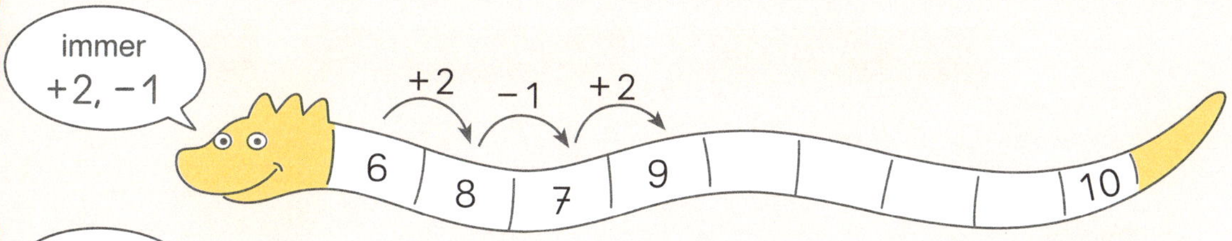

+2   −1   +2

6 | 8 | 7 | 9 | | | | | 10

2 immer +1, +3

4 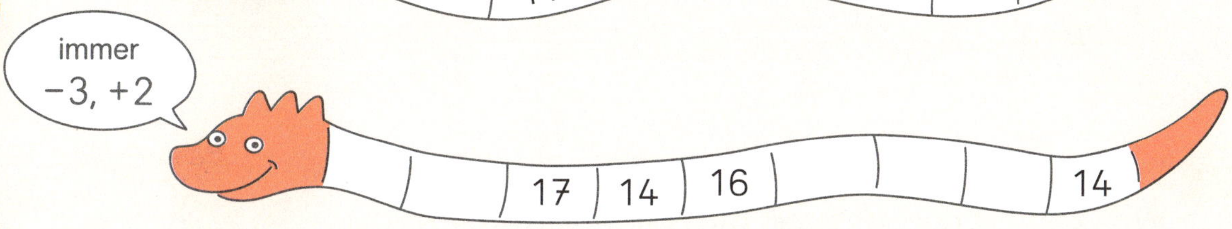 | 5 | 8 | 9 | 12 | | | | 20

3 immer _____

10 | 8 | 11 | 9 | 12 | | |

4 immer −3, +2

| | 17 | 14 | 16 | | | | 14

5 immer _____

| | 14 | 12 | 11 | 9 | 8 | | |

6 immer _____

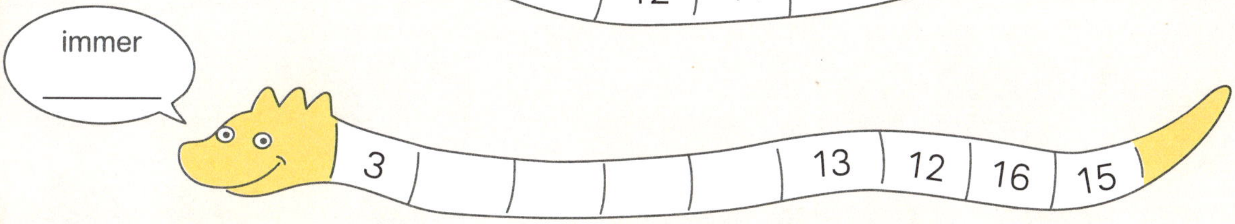

3 | | | | 13 | 12 | 16 | 15

7 immer _____

| | 13 | 14 | 12 | | | | 10

8 immer _____

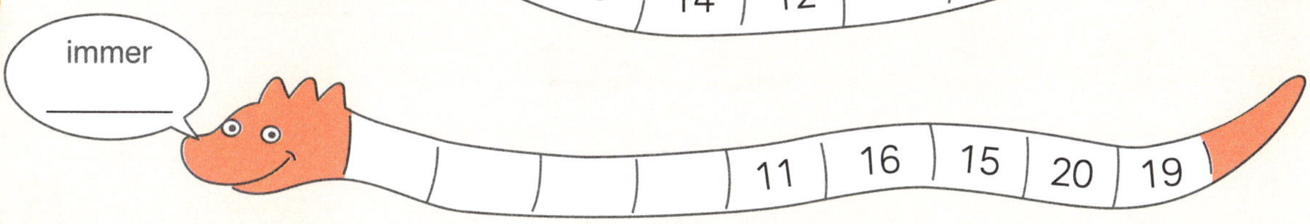

| | | 11 | 16 | 15 | 20 | 19

9 immer _____

| | 14 | 10 | 16 | 12 | |

› **1–9** Regelwürmer entsprechend der alternierenden Bildungsregel ergänzen.

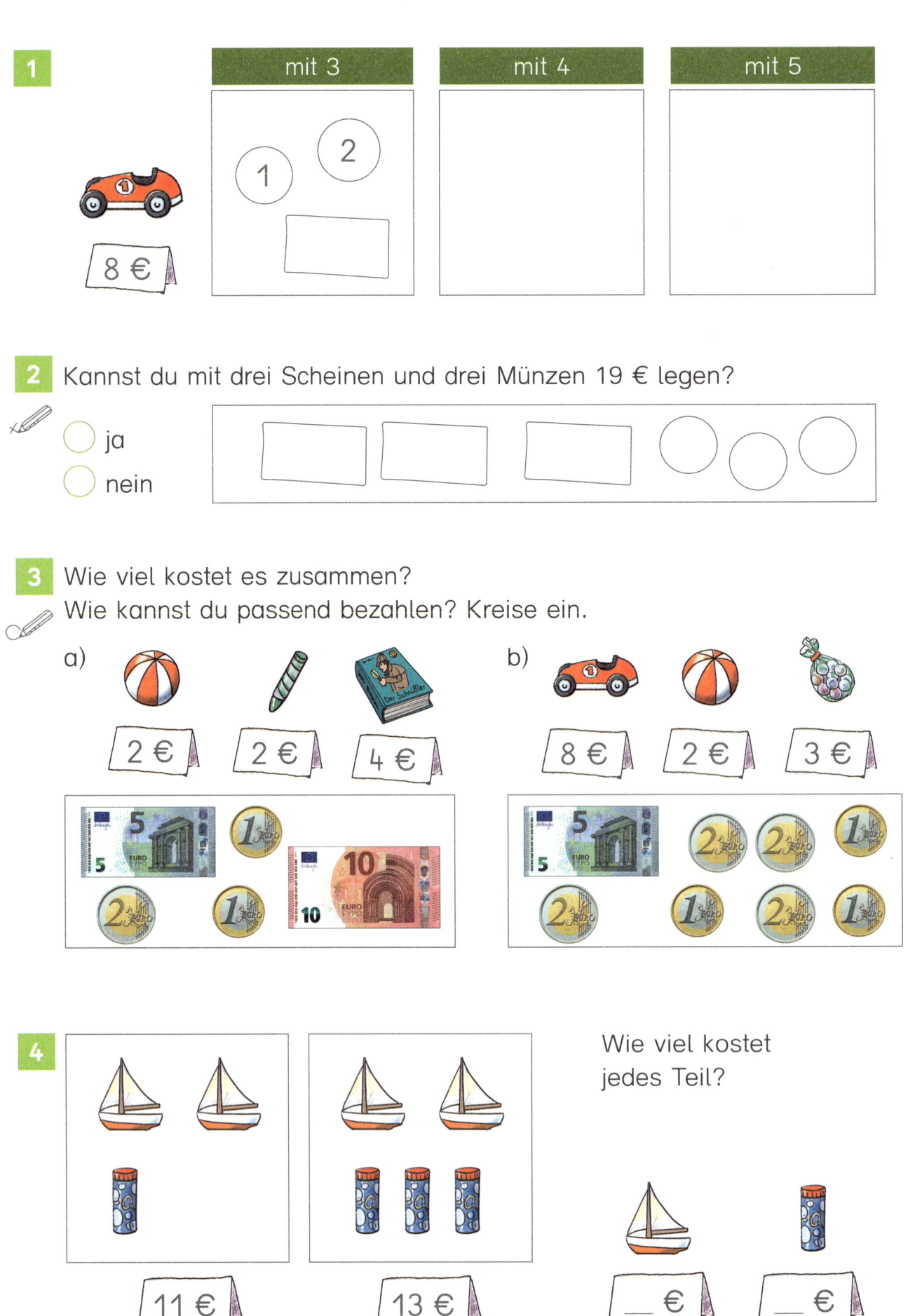

1

mit 3	mit 4	mit 5

🚗 1

8 €

2 Kannst du mit drei Scheinen und drei Münzen 19 € legen?

○ ja
○ nein

3 Wie viel kostet es zusammen?
Wie kannst du passend bezahlen? Kreise ein.

a)   2 €   2 €   4 €

b)   8 €   2 €   3 €

4   Wie viel kostet jedes Teil?

11 €   13 €   ___ €   ___ €

› **1** Den Betrag mit der vorgegebenen Anzahl Münzen und/oder Scheinen darstellen.
› **2** Die Größe der Platzhalter sagt nichts über die Größe bzw. den Wert der zu legenden Scheine oder Euro-Münzen aus.
› **3** Passend einkreisen. Es gibt verschiedene Möglichkeiten.

1 Wie viel bekommst du zurück?

_____€ zurück

_____€ zurück

2 Lege immer mit genau vier Cent-Münzen.

a) 12 ct

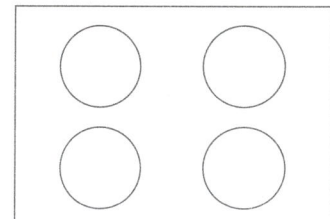

b) 14 ct

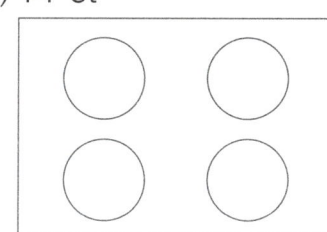

c) 17 ct

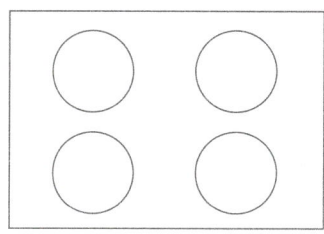

3 Du hast 19 ct in genau acht Cent-Münzen.
Es sind nur 1-Cent-Münzen, 2-Cent-Münzen und 5-Cent-Münzen.

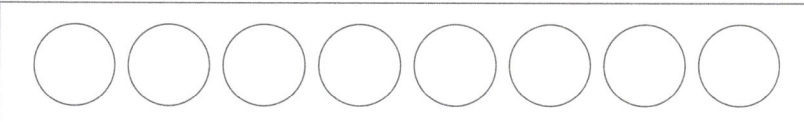

4 Verwende so wenige Münzen wie möglich. Wie viele Münzen brauchst du?

a) 17 ct:_____ Münzen   b)   9 ct:_____ Münzen   c) 22 ct:_____ Münzen

5 Welche Geldbeträge bis 20 ct kannst du mit genau drei Münzen legen?

a) 20 ct

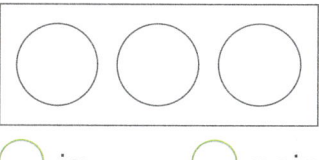

○ ja   ○ nein

b) 18 ct

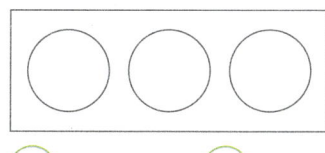

○ ja   ○ nein

c) 14 ct

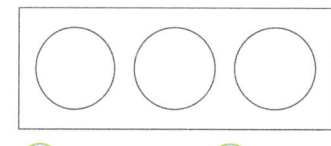

○ ja   ○ nein

d) 13 ct

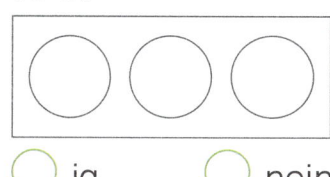

○ ja   ○ nein

e) 11 ct

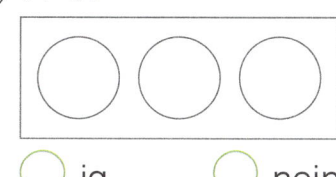

○ ja   ○ nein

f) 10 ct

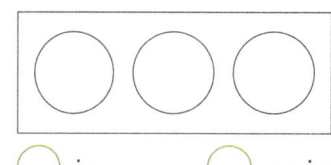

○ ja   ○ nein

› **2, 3 u. 5** Die Größe der Platzhalter sagt nichts über die Größe bzw. den Wert der zu legenden Cent-Münzen aus.
› **3** Hier gibt es zwei Lösungsmöglichkeiten.

1 Finde die sechs Fehler im Spiegelbild und kreise sie ein.

2 Welche Bilder passen? Verbinde.

 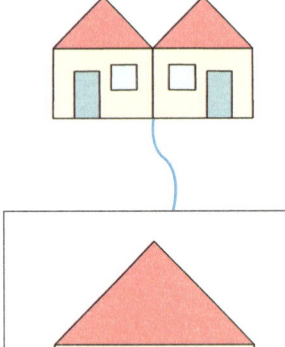 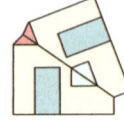 

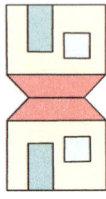 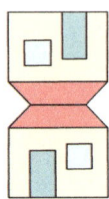  

› **2** Spiegelbilder erzeugen. Richtige Spiegelbilder mit dem Ausgangsbild verbinden.

1

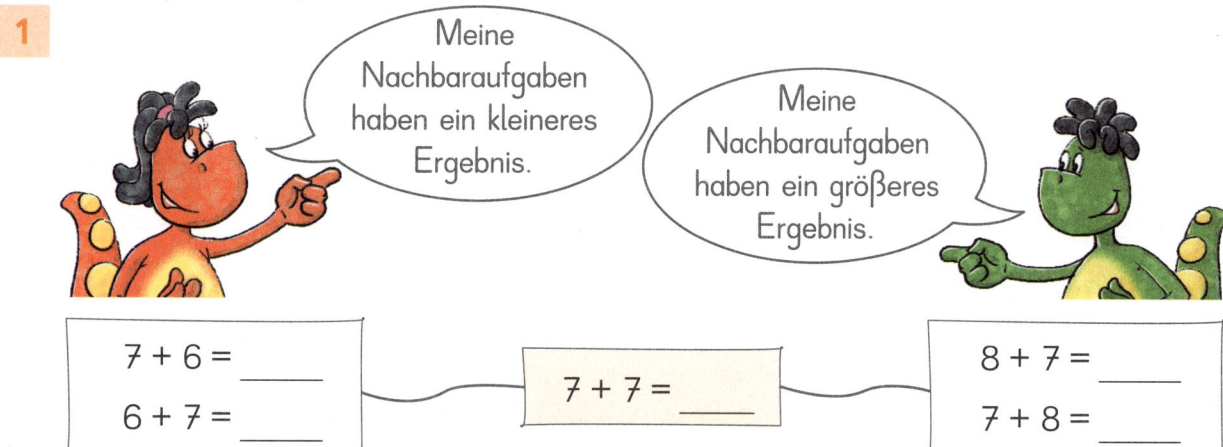

7 + 6 = ___		8 + 7 = ___
6 + 7 = ___	7 + 7 = ___	7 + 8 = ___

2 Schreibe die kleinen und die großen Nachbaraufgaben.

9 + 8 = ___		10 + 9 = ___
___ + 9 = ___	9 + 9 = ___	___ + 10 = ___

3

___ + ___ = ___		___ + ___ = ___
___ + ___ = ___	6 + 6 = ___	___ + ___ = ___

4 Verbinde die Nachbaraufgaben mit der passenden Aufgabe.

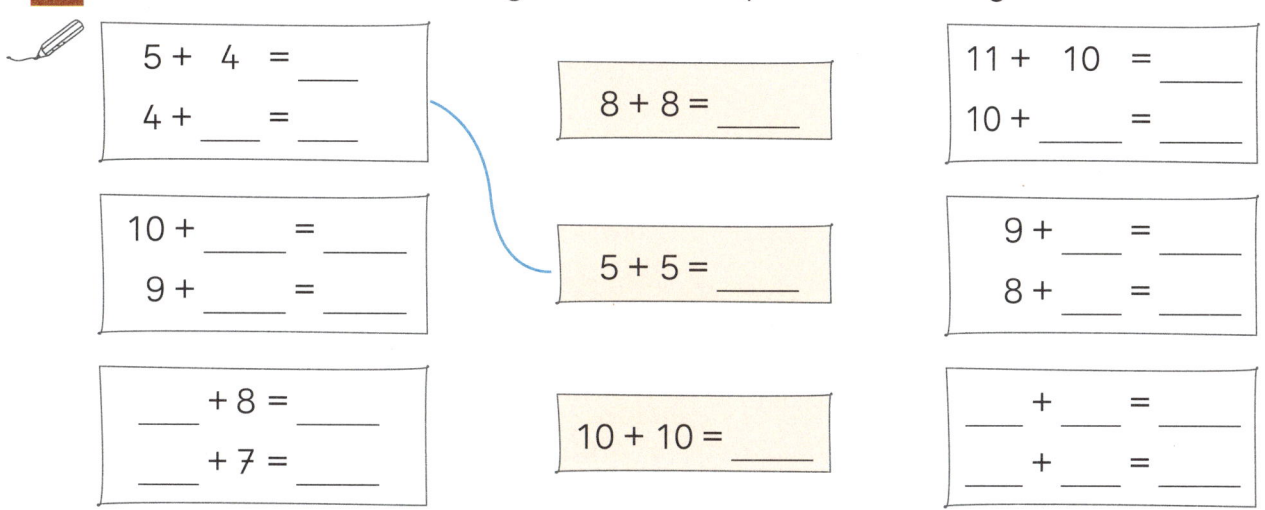

5 + 4 = ___		11 + 10 = ___
4 + ___ = ___	8 + 8 = ___	10 + ___ = ___

10 + ___ = ___		9 + ___ = ___
9 + ___ = ___	5 + 5 = ___	8 + ___ = ___

___ + 8 = ___		___ + ___ = ___
___ + 7 = ___	10 + 10 = ___	___ + ___ = ___

5

6 + 6 = ___	8 + 8 = ___	10 + 10 = ___
5 + 6 = ___	9 + 8 = ___	10 + 11 = ___
5 + 7 = ___	9 + 7 = ___	10 + 12 = ___
6 + 7 = ___	8 + 7 = ___	11 + 12 = ___

1

6 + 4 = 10   2 + 8 = ☐   10 + 6 = ☐

8 + ☐ = ☐   ☐ + 12 = ☐   ☐ + ☐ = ☐

erste Zahl **gerade**, zweite Zahl **gerade**, Ergebnis _____

2

5 + 7 = ☐   9 + 5 = ☐   11 + 7 = ☐

3 + ☐ = ☐   ☐ + 13 = ☐   ☐ + ☐ = ☐

erste Zahl **ungerade**, zweite Zahl **ungerade**, Ergebnis _____

3

2 + 5 = ☐   8 + 7 = ☐   10 + 5 = ☐

4 + ☐ = ☐   ☐ + 11 = ☐   ☐ + ☐ = ☐

eine Zahl **gerade**, eine Zahl **ungerade**, Ergebnis _____

4 Finde eigene Aufgaben.

Das Ergebnis ist **gerade**:   Das Ergebnis ist **ungerade**:

5 a)

Wenn ich zu meiner Zahl 2 dazuzähle und sie dann halbiere, erhalte ich 10.

b)

Ich denke mir eine gerade Zahl. Sie ist größer als das Doppelte von 3 und kleiner als die Hälfte von 20.

c)

Wenn ich meine Zahl verdopple und dann 3 abziehe, ist das Ergebnis eine ungerade Zahl. Sie ist kleiner als die Hälfte von 6.

Meine Zahl ist ____.   Meine Zahl ist ____.   Meine Zahl ist ____.

› **1–3** Passende Zahlen eintragen. Ergebnisse eintragen, Karten passend anmalen. Die Regeln vervollständigen.

1

a) 8 + 6 = ____
  __ + __ + __ = ____

b) 5 + 6 = ____
  __ + __ + __ = ____

c) 7 + 6 = ____
  __ + __ + __ = ____

d) 9 + 6 = ____
  __ + __ + __ = ____

2 Welche Zerlegung passt? Verbinde.

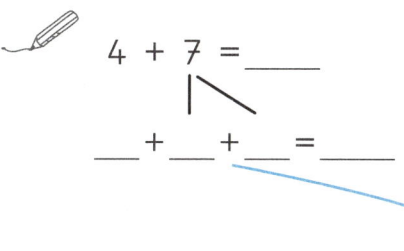

4 + 7 = ____
__ + __ + __ = ____

5 + 7 = ____
__ + __ + __ = ____

7

1 + 6

3 + 4

6 + 1

5 + 2

9 + 7 = ____
__ + __ + __ = ____

17 + 7 = ____
__ + __ + __ = ____

3

8 + 5 = ____ 6 + 7 = ____ 8 + 6 = ____ 9 + 4 = ____ 7 + 5 = ____

7 + 8 = ____ 8 + 4 = ____ 4 + 7 = ____ 16 + 6 = ____ 18 + 6 = ____

4 Immer + 8. Finde eigene Aufgaben.

8

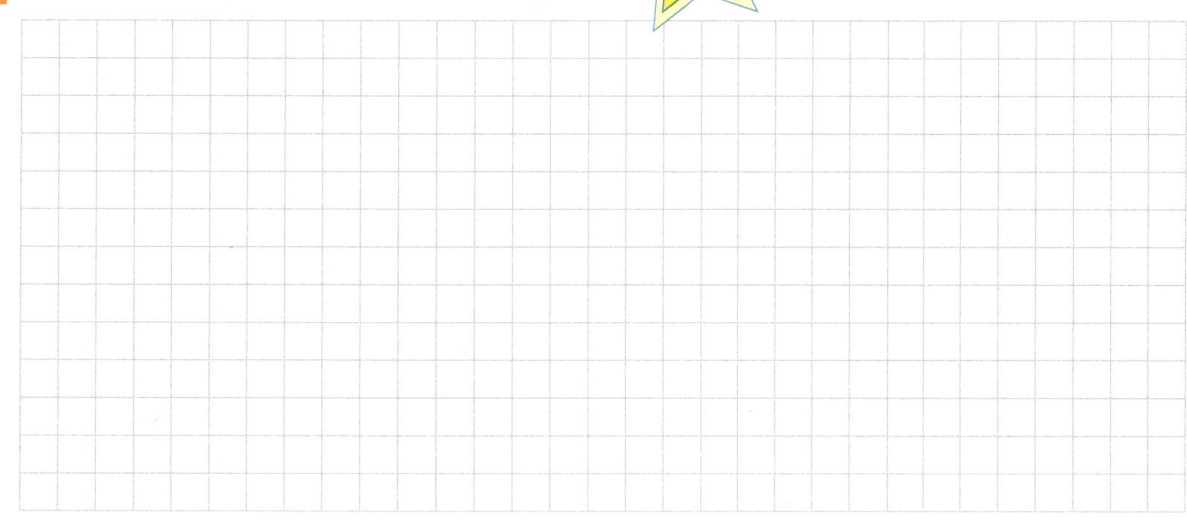

> 4 Verschiedene Lösungen möglich. Der Zahlenraum ist offen.

1 a) 7 + ___ = 15   b) 8 + ___ = 13   c) 6 + ___ = 13   d) 9 + ___ = 17

        6 + ___ = 14   9 + ___ = 13   4 + ___ = 12   6 + ___ = 12

2 a) ___ + 6 = 15   b) ___ + 5 = 13   c) ___ + 8 = 12   d) ___ + 8 = 16

        ___ + 6 = 14   ___ + 7 = 13   ___ + 8 = 11   ___ + 9 = 15

3 a) 17 + ___ = 20   b) 16 + ___ = 23

        18 + ___ = 24   19 + ___ = 25

    c) 14 + ___ = 20   d) 19 + ___ = 23

        18 + ___ = 22   15 + ___ = 22

4

6, 8, 2, ___

  ___ + ___ = 8
  ___ + ___ = 10
  ___ + ___ = 11
  ___ + ___ = 14
  ___ + ___ = 15
  ___ + ___ = 17

5

3, 8, 11, ___

  ___ + ___ = 10
  ___ + ___ = 11
  ___ + ___ = 14
  ___ + ___ = 15
  ___ + ___ = 18
  ___ + ___ = 19

6

7, 5, 14, ___

  ___ + ___ = 11
  ___ + ___ = 12
  ___ + ___ = 13
  ___ + ___ = 19
  ___ + ___ = 20
  ___ + ___ = 21

7

16, 4, ___, ___

  ___ + ___ = 9
  ___ + ___ = 10
  ___ + ___ = 11
  ___ + ___ = 20
  ___ + ___ = 21
  ___ + ___ = 22

› 4–7 Sechser-Pack: Das Übungsformat wird auf Seite 17 in diesem Heft eingeführt.

1 Wie rechnest du? Färbe passend und rechne.

... in Schritten

Melanie: Ich rechne zuerst bis 10 und dann weiter.

... mit der kleinen Aufgabe

Paul: Ich helfe mir mit der kleinen Aufgabe.

○ 7 + 6 = ___

○ 8 + 9 = ___

○ 7 + 4 = ___

○ 17 + 2 = ___

○ 5 + 8 = ___

○ 7 + 8 = ___

○ 4 + 7 = ___

○ 8 + 7 = ___

○ 12 + 8 = ___

○ 9 + 4 = ___

○ 3 + 16 = ___

○ 6 + 9 = ___

... durch Verdoppeln

Salim: Ich verdopple eine Zahl. Dann rechne ich weiter.

... mit dem Tipp für die 9

Lea: Ich rechne + 10, dann − 1.

2 Finde passende Aufgaben.

● 6 + 8 = ___

● ___ + ___ = ___

● ___ + ___ = ___

● ___ + ___ = ___

● ___ + ___ = ___

● ___ + ___ = ___

● ___ + ___ = ___

● ___ + ___ = ___

● ___ + ___ = ___

● ___ + ___ = ___

● ___ + ___ = ___

● ___ + ___ = ___

› **1** Aufgaben lösen und den Kreis entsprechend der gewählten Rechenstrategie anmalen.

43

1 Male.

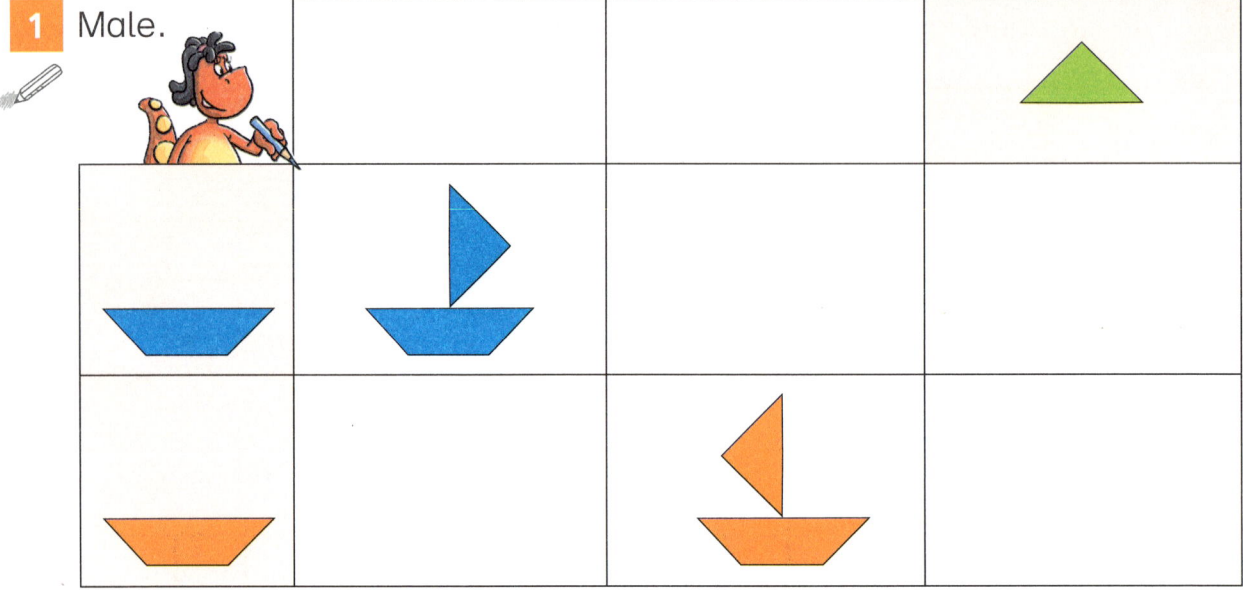

2

+	6			8
8				
5		14		
7			14	

3

+				
18		23		
16	22			24
17			24	

4

+	7	4		
		12		
	13			12
9		18		

5

+	4	6		
	22		23	
				24
	23			22

6

−	6			3
8				
10		6		
7			6	

7

−	6	10		
		12		14
			10	
			9	14

› **1** Entsprechend die Schiffchen in die Tabelle malen.

Plusmobile

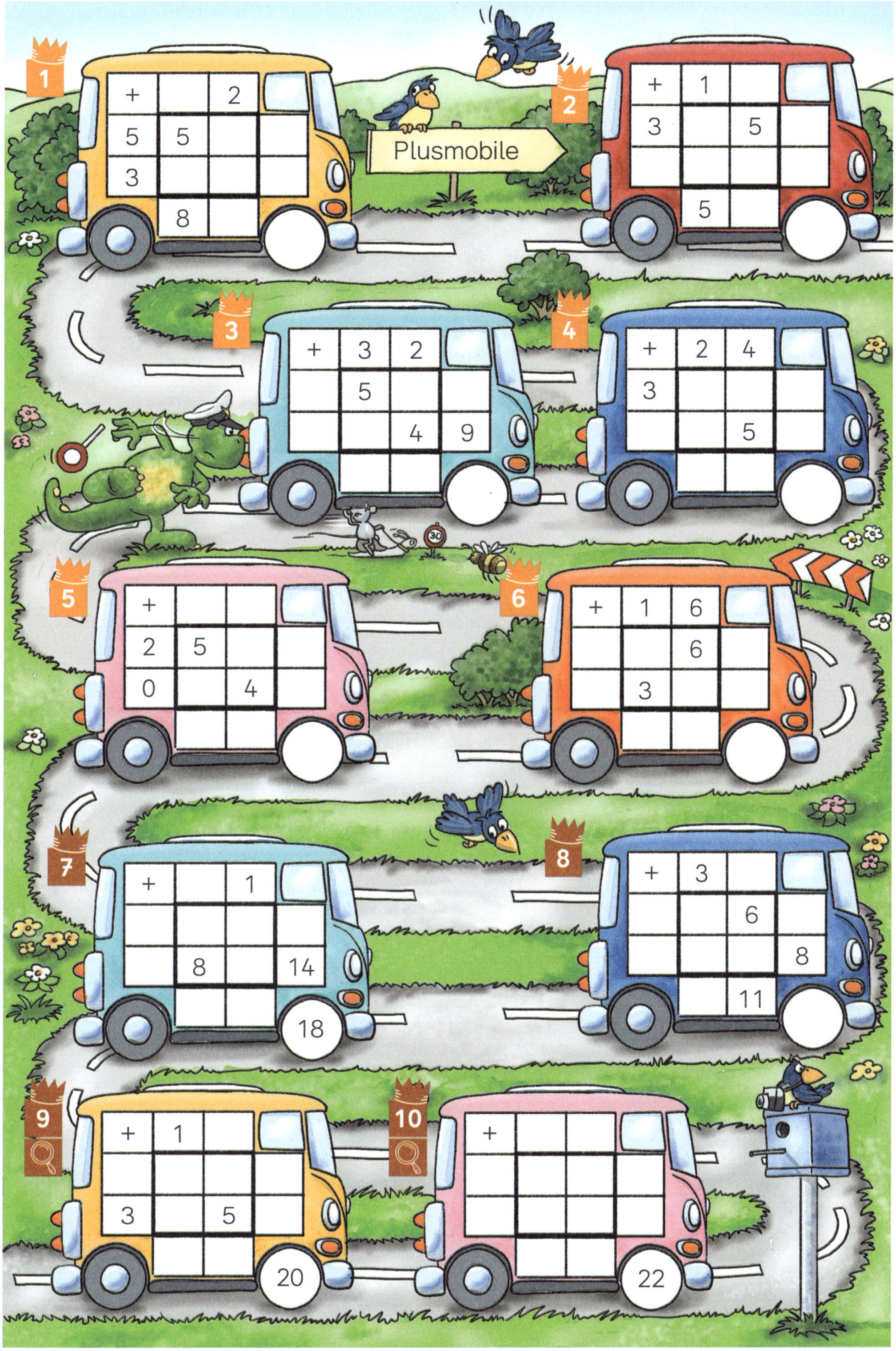

1

+		2
5	5	
3		
	8	

2

+	1	
3		5
	5	

3

+	3	2
5		
	4	9

4

+	2	4
3		
		5

5

+		
2	5	
0		4

6

+	1	6
		6
3		

7

+		1
8		14

18

8

+	3	
		6
		8
	11	

9

+	1	
3		5

20

10

+		

22

› **1–10** Plusmobile: Lösen durch Aufgaben und Platzhalteraufgaben, durch die Randzahl(en) oder durch die Gesetzmäßigkeit.
› **10** Ein eigenes Plusmobil schreiben und lösen oder einem anderen Kind geben.

1

Es sind ____ rote, ____ gelbe und ____ blaue Blumen.

● Wie viele Blumen sind es zusammen?

○ 8 + 7 − 3 = ____   ○   18 − 3 = ____

○ 8 + 7 + 3 = ____   ○ 8 − 7 − 3 = ____

● ____ Blumen sind es zusammen.

2 Eine Fahrt mit dem Karussell kostet 4 €.
Toni kauft drei Karten.

● _____

○ 4 € + 3 € = ____   ○ 3 € + 3 € + 3 € = ____

○ 4 € + 4 € + 4 € = ____   ○ 7 € + 3 € = ____

● _____

3

15

____ Luftballons waren in der Tüte.
____ Luftballons hängen schon.

● _____
_____

● _____

● _____

4 Frank möchte 18 Lampions aufhängen.
6 rote und 7 gelbe Lampions hängen schon.
Die restlichen Lampions sind blau.

● _____

● _____

● _____

1 Ali hat sieben Murmeln. Wenn er Katja zwei Murmeln abgibt, dann haben beide Kinder gleich viele Murmeln.

● Wie viele Murmeln hat dann jedes Kind?

○ ___ – ___ = ___

● _____

2 Mike und Susi sammeln Fußballkarten.
Mike hat neun Karten, Susi hat vier Karten mehr als Mike.

● Wie viele _____

_____

○ _____

● _____

_____

3 Mona und Nico haben zusammen 9 €. Mona hat 3 € mehr als Nico.

● _____

○ _____

● _____

4 Maria ist sechs Jahre alt. Ihr Bruder Klaus ist doppelt so alt.

● _____

○ _____

● _____

› 1–4 Frage, Lösung (Rechnung) und Antwort schreiben. In einzelnen Aufgaben sind weitere Rechenfragen möglich.

47

1

13 – 9 = ___
13 – ___ – ___ = ___

15 – 9 = ___
15 – ___ – ___ = ___

12 – 9 = ___
12 – ___ – ___ = ___

9

2 Welche Zerlegung passt? Verbinde.

12 – 5 = ___
12 – ___ – ___ = ___

14 – 5 = ___
14 – ___ – ___ = ___

5

3 + 2
2 + 3
1 + ___
4 + ___

13 – 5 = ___
13 – ___ – ___ = ___

11 – 5 = ___
11 – ___ – ___ = ___

3

17 – 8 = ___
17 – ___ – ___ = ___

12 – 8 = ___
___ – ___ – ___ = ___

8

7 + ___
5 + 3
6 + ___
___ + 6

___ – 8 = ___
___ – 5 – 3 = ___

___ – 8 = ___
___ – 6 – ___ = ___

4 Immer – 7. Finde eigene Aufgaben.

7

› 4 Verschiedene Lösungen möglich. Der Zahlenraum ist offen.

1 Wie rechnest du? Färbe passend und rechne.

... in Schritten

Kira: Ich rechne zuerst bis 10 und dann weiter.

... mit der kleinen Aufgabe

Sofie: Ich helfe mir mit der kleinen Aufgabe.

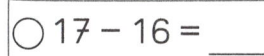

○ 17 − 16 = ___

○ 12 − 9 = ___

○ 12 − 8 = ___

○ 13 − 6 = ___

○ 15 − 7 = ___

○ 14 − 5 = ___

○ 20 − 15 = ___

○ 15 − 9 = ___

○ 11 − 9 = ___

○ 15 − 3 = ___

○ 17 − 9 = ___

○ 18 − 4 = ___

... mit dem Tipp für die 9

Paul: Ich rechne − 10, dann + 1.

Welche Strategie hilft beim Lösen?

2 Finde passende Aufgaben.

○ 11 − 5 = ___

○ ___ − ___ = ___

○ ___ − ___ = ___

○ ___ − ___ = ___

○ ___ − ___ = ___

○ ___ − ___ = ___

○ ___ − ___ = ___

○ ___ − ___ = ___

○ ___ − ___ = ___

○ ___ − ___ = ___

○ ___ − ___ = ___

○ ___ − ___ = ___

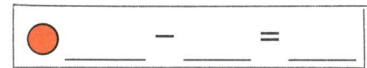

› **1** Aufgaben lösen und den Kreis entsprechend der gewählten Rechenstrategie anmalen.

$g - \underline{} = 7$

9 2 7

2

1

10 7   10 8   10 9   10 10

2

2 4   3 5   4 6   5 7

3 Was fällt dir bei den Trauben oben links auf?

2 5   3 5   4 5   5 5

In der Traube oben links

wird die Zahl

immer _____.

4 In der unteren Traube wird die Zahl immer um 2 größer.

10 4   11   12   13

In der Traube oben rechts

wird die Zahl

immer _____.

5 In der unteren Traube wird die Zahl immer um 1 größer.
In der Traube oben rechts bleibt die Zahl immer gleich.

In der Traube oben links

wird die Zahl

immer _____.

› **1–5** Übungsformat „Minus-Trauben": Benachbarte Zahlen von links nach rechts abziehen. Das Ergebnis in die Mitte darunter schreiben.
› **3–5** Zusammenhänge erkennen, Regel vervollständigen.

Rechne. Streiche faule Trauben durch.

6 11

a) 13 6

b) 12 9

c) 8 9

d) 11 3

e) 4 11

f) 4 10

2 Setze ein: 8 5

Bilde eine faule Traube.

3 Setze eigene Zahlen ein.

4 a) 13 7 2

b) 12 6 4

c) 11 6 8

d) 10 3 3

5 a) 10 3 6

b) 11 3 5

c) 6 6 6

d) 9 3 4

› 1–5 Eine „faule Traube" ist nicht lösbar. Das Abziehen von Zahlen von links nach rechts ist hier nicht möglich.
› 4–5 Hier ist jeweils eine „faule Traube" enthalten.

51

Jede Aufgabe ist anders.

Welche Lösung passt? Kreuze an.

1 Was passt dazu?

2 Emil untersucht Dreiecke.
Er zählt 24 Ecken.
Wie viele Dreiecke untersucht Emil?

A ◯ 5   B ◯ 6

C ◯ 7   D ◯ 8

3 Mia ist 14 Jahre alt.
Luca ist halb so alt.
Ella ist so alt wie beide zusammen.
Wie alt ist Ella?

A ◯ 17 Jahre

B ◯ 18 Jahre

C ◯ 21 Jahre

4

| 20 | 16 | 12 | | | ? |

Welche Zahl steht im letzten Feld?

A ▢ 1   B ▢ 0

C ▢ 7   D ▢ 5

5 Nimm zwei Scheine und zwei Münzen.
Welchen Betrag kannst du damit legen?

A ◯ 19 €   B ◯ 16 €

C ◯ 11 €   D ◯ 6 €

› **1–5** Es ist immer nur eine Lösung richtig.

Jede Aufgabe ist anders.

A ◯ B ⊗

C ◯ D ◯

Welche Lösung passt? Kreuze an.

1 Für ein Wurfspiel willst du zwölf Eimer mit den Nummern von 1 bis 12 bekleben. Wie viele Ziffern brauchst du?

A ◯ 12   B ◯ 13

C ◯ 14   D ◯ 15

3 Elif ist doppelt so alt wie Ida. Ida ist 2 Jahre jünger als Maja. Maja ist 10 Jahre alt. Wie alt ist Elif?

A ◯ 8 Jahre

B ◯ 10 Jahre

C ◯ 12 Jahre

D ◯ 16 Jahre

2 Was passt?

A ◯

B ◯

C ◯

D ◯

4 Setze die **Zahlen von 1 bis 9** passend ein.

Im farbigen Feld steht diese Zahl:

A ◯ 1   B ◯ 2

C ◯ 3   D ◯ 4

E ◯ 7   F ◯ 8

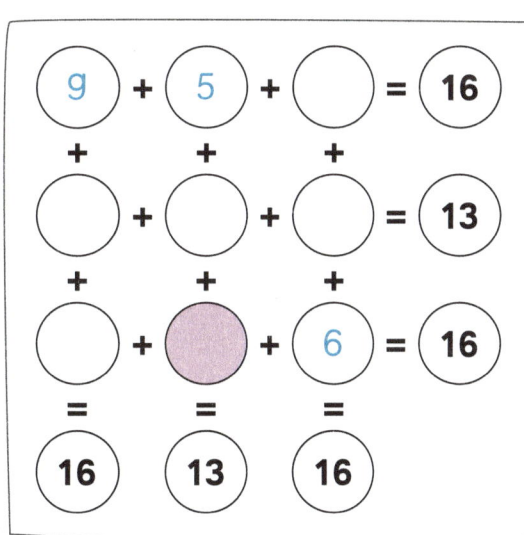

$$9 + 5 + \bigcirc = 16$$
$$+ \quad + \quad +$$
$$\bigcirc + \bigcirc + \bigcirc = 13$$
$$+ \quad + \quad +$$
$$\bigcirc + \bigcirc + 6 = 16$$
$$= \quad = \quad =$$
$$16 \quad 13 \quad 16$$

1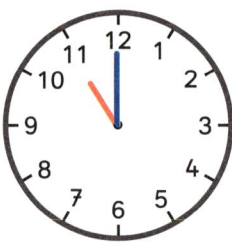

Minigolf
Öffnungszeiten

7 Stunden

von _____ Uhr   bis _____ Uhr

2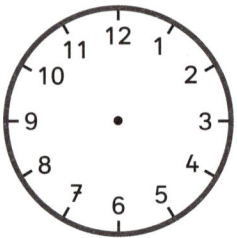

Zoo
Öffnungszeiten

8 Stunden

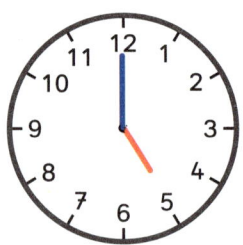

von _____ Uhr   bis _____ Uhr

3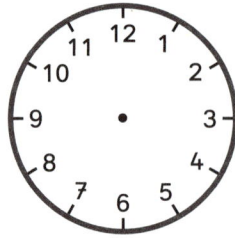

Schwimmbad
Öffnungszeiten

14 Stunden

von _____ Uhr   bis _____ Uhr

4 Trage ein: *länger* oder *kürzer*

a) Die Fahrt zum Einkaufen ist _____ als
die Fahrt in den Urlaub.

b) 20 Stunden sind _____ als ein Tag.

c) Ein Schultag dauert _____ als eine Stunde.

› **1 – 3** Fehlende Uhrzeiten bestimmen, Zeiger passend einzeichnen.

1 Was ergibt 10?

$\underline{6} + \underline{4} + 3 =$ _____ $8 + 7 + 2 =$ _____ $2 + 7 + 3 =$ _____

$\underline{9} + 5 + \underline{1} =$ _____ $1 + 9 + 4 =$ _____ $5 + 9 + 5 =$ _____

$6 + \underline{8} + \underline{2} =$ _____ $3 + 5 + 5 =$ _____ $4 + 6 + 3 =$ _____

2 $4 + 7 + 6 =$ _____ $9 + 3 + 7 =$ _____ $9 + 1 + 3 =$ _____

 $5 + 5 + 8 =$ _____ $7 + 6 + 3 =$ _____ $3 + 6 + 4 =$ _____

$9 + 9 + 1 =$ _____ $2 + 5 + 8 =$ _____ $3 + 7 + 2 =$ _____

3 $\_\_ + 7 + 3 = 19$ $\_\_ + 5 + 6 = 16$ $\_\_ + 4 + 8 = 14$

 $\_\_ + 6 + 4 = 13$ $\_\_ + 8 + 7 = 17$ $\_\_ + 8 + 5 = 18$

$\_\_ + 9 + 1 = 18$ $\_\_ + 7 + 2 = 12$ $\_\_ + 5 + 7 = 15$

4 Wo ist die 10?

Minus 7 und minus 3, insgesamt minus 10.

$16 - \underline{7} - \underline{3} =$ ___ $15 - 3 - 7 =$ ___

$\underline{13} - \underline{3} - 8 =$ ___ $14 - 4 - 3 =$ ___

$\underline{14} - 5 - \underline{4} =$ ___ $19 - 3 - 9 =$ ___

5 $17 - 3 - 7 =$ ___ $13 - 8 - 3 =$ ___ $12 - 6 - 2 =$ ___

 $15 - 5 - 9 =$ ___ $14 - 8 - 2 =$ ___ $16 - 6 - 4 =$ ___

$16 - 4 - 6 =$ ___ $19 - 3 - 7 =$ ___ $18 - 9 - 8 =$ ___

6 $\_\_\_\_ - 8 - 2 = 6$ $\_\_\_\_ - 3 - 5 = 5$ $\_\_\_\_ - 6 - 3 = 4$

 $\_\_\_\_ - 3 - 7 = 8$ $\_\_\_\_ - 9 - 2 = 8$ $\_\_\_\_ - 8 - 5 = 2$

$\_\_\_\_ - 1 - 9 = 4$ $\_\_\_\_ - 6 - 7 = 3$ $\_\_\_\_ - 1 - 7 = 9$

7

Minus 8 und plus 9, insgesamt plus 1.

$12 - 8 + 9 =$ ___ $14 - 9 + 9 =$ ___

$13 - 6 + 6 =$ ___ $15 - 8 + 7 =$ ___

$18 - 8 + 4 =$ ___ $11 - 1 + 6 =$ ___

› **1 – 7** Zahlen, die zusammen 10 ergeben, zum Rechnen nutzen.

1 a)    b)    c)    d)

2 Finde alle vier Möglichkeiten.

Die beiden Trauben in der Mitte ergeben zusammen immer _____.

3

4 Trage die Zahlen passend in die Trauben ein.

⑬ ⑧ ⑦   ⑲ ③ ⑧   ⑱ ⑥ ⑨   ⑰ ⓪ ⑫
⑤ ⑳ ② ⑤ ⑪ ⑥ ⑨ ③ ⑥ ⑤ ⑫ ⑤

5 Nimm diese Zahlen.
Fülle damit die Minus-Trauben.

㉖ ① ⑨ ⑥

⑤ ⑳ ⑪ ⑮

› **3** Passende Zahlen eintragen. Es dürfen keine faulen Trauben entstehen.
› **5** Es sollen vier Zahlen mehrfach verwendet werden.

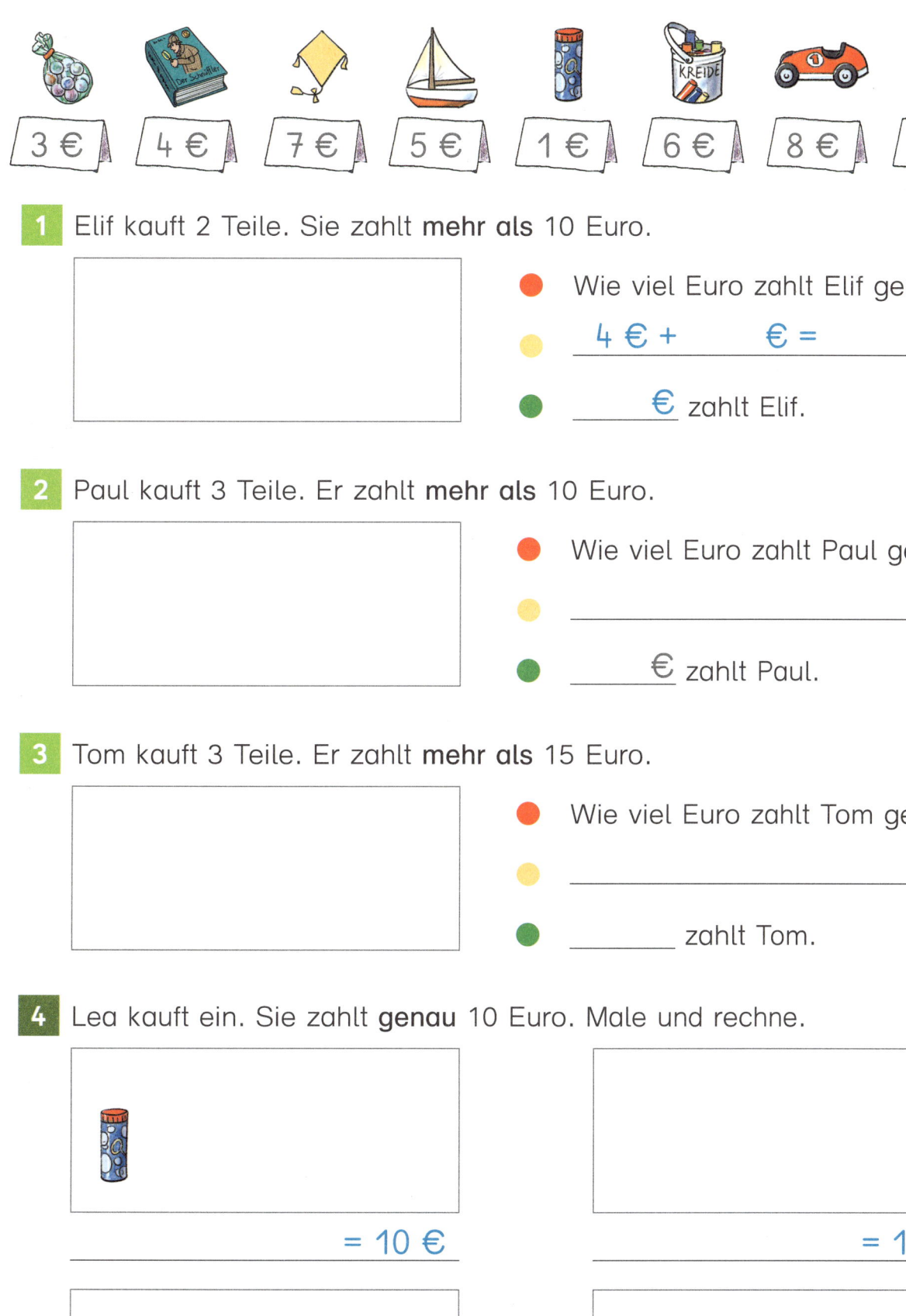

3 €   4 €   7 €   5 €   1 €   6 €   8 €   2 €

1 Elif kauft 2 Teile. Sie zahlt **mehr als** 10 Euro.

🔴 Wie viel Euro zahlt Elif genau?

🟡 _4 €_ + _____ € = _____ €

🟢 _____ € zahlt Elif.

2 Paul kauft 3 Teile. Er zahlt **mehr als** 10 Euro.

🔴 Wie viel Euro zahlt Paul genau?

🟡 _____

🟢 _____ € zahlt Paul.

3 Tom kauft 3 Teile. Er zahlt **mehr als** 15 Euro.

🔴 Wie viel Euro zahlt Tom genau?

🟡 _____

🟢 _____ zahlt Tom.

4 Lea kauft ein. Sie zahlt **genau** 10 Euro. Male und rechne.

_____ = 10 €

_____ = 10 €

_____ = 10 €

_____ = 10 €

☺ ☺ ☹ ☹

› **1–4** Gegenstand malen oder als Wort schreiben.
Jeder Gegenstand darf je Aufgabe einmal gekauft werden. Es sind verschiedene Lösungen möglich.

57

1 Wie viele Stimmen hat jedes Tier bekommen? Trage ein.

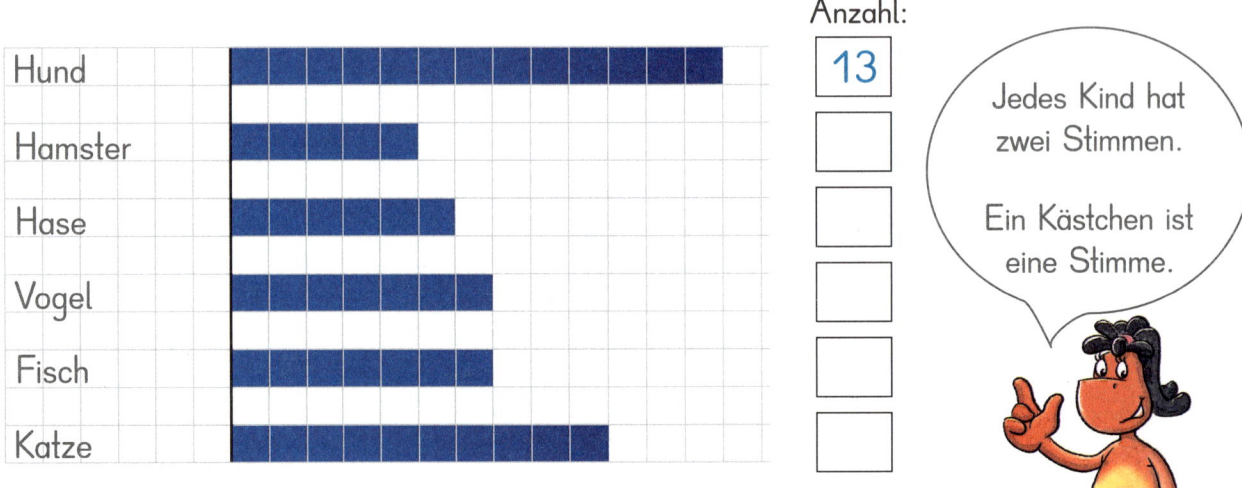

Abstimmung in der Klasse 1a: Lieblingshaustiere

Anzahl:

Hund — 13

Hamster —

Hase —

Vogel —

Fisch —

Katze —

Jedes Kind hat zwei Stimmen.

Ein Kästchen ist eine Stimme.

2 Das Haustier mit den meisten Stimmen ist _____.

Die wenigsten Kinder haben _____ gewählt.

3 Wie viele Stimmen haben diese Tiere zusammen?

Hamster und Vogel $5 + 7 =$ _____

Hund und Fisch   _____

Hund und Katze   _____

Fisch, Hase und Vogel   _____

4 Richtig oder falsch? Kreuze an.

	richtig	falsch
Der Fisch ist als Haustier beliebter als die Katze.	◯	◯
Der Vogel ist genauso beliebt wie der Fisch.	◯	◯
Der Hamster ist auf Platz 4 der Lieblingstiere.	◯	◯
Der Hund ist beliebter als der Fisch und der Hase zusammen.	◯	◯

5 Wie viele Kinder sind in der Klasse 1a? Erkläre.

_____

_____

_____

› 1–5 Daten aus dem Schaubild entnehmen und mit diesen die Aufgaben lösen.

1 Drei Bedingungen gelten. Male die Glücksräder passend an.

🟨	möglich
🟦	möglich
🟥	möglich

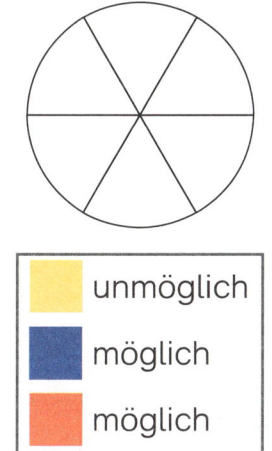

🟨	unmöglich
🟦	möglich
🟥	möglich

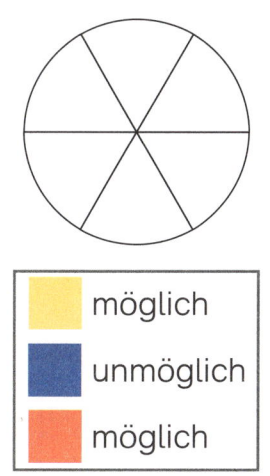

🟨	möglich
🟦	unmöglich
🟥	möglich

2 Vier Bedingungen gelten. Welche Glücksräder passen? Kreuze an.

🟩 unmöglich   🟥 möglich   🟦 möglich   🟨 möglich

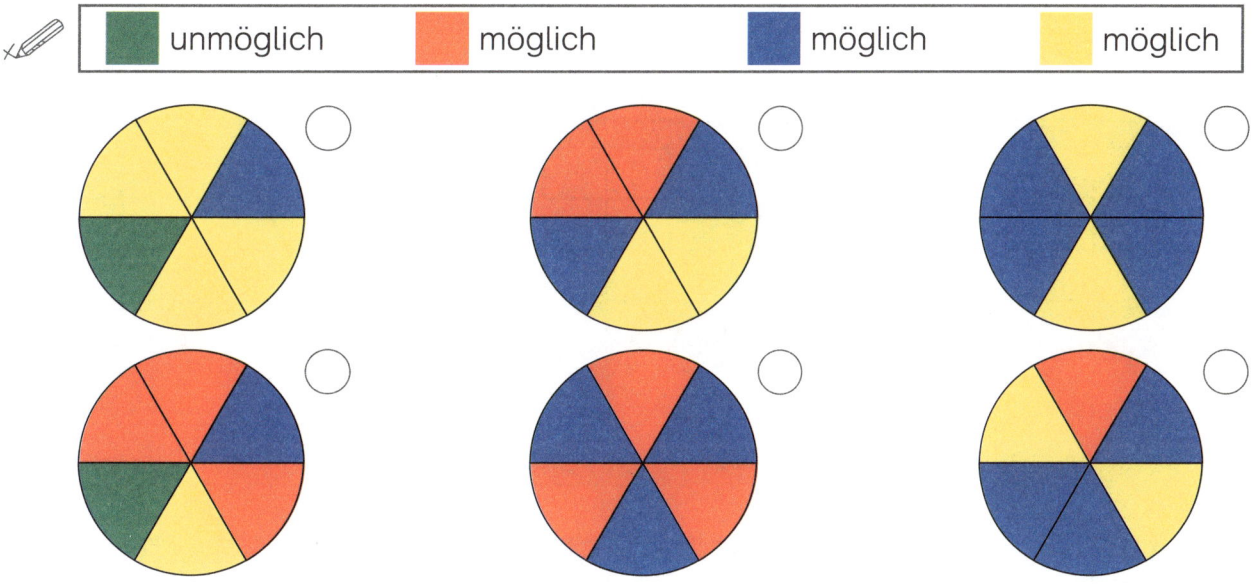

3 Kreise ein und begründe.

🟨 gewinnt: Das ist | unmöglich | möglich | sicher |,

weil _____

🟥 gewinnt: Das ist | unmöglich | möglich | sicher |,

weil _____

🟦 gewinnt: Das ist | unmöglich | möglich | sicher |,

weil _____

1

+	2	2	
2			
2			

2

+	4	0	
4			
0			

3

+	2	4	
4			
2			

4

+	4	2	
1			
2			

5

+	7	2	
0			
1			

6

+	3	2	
4			
1			

7

+		0	
3	7		
1			

8

+	0		
2			
3		8	

9

+	5	4	
2			
		4	

10

+		2	
3	6		
1			

11

+	1		
2			
3		7	

12

+			
5			
1	4	5	

13

+			
5	5		
3		5	

14

+			
6			
2	5	3	

15

+		4	
3	8		
		6	

› **1–15** Übungsformat „Plusmobil": Fehlende Zahlen in den Plusmobilen berechnen.

1 + | 2 | ... 13 | 7 | 11

2 + | 0 | ... 8 | 13 9

3 + | ... 5 | 15 | 8 14

4 + | 3 | 1 | 10 | 16

5 + | 4 | 0 | 14 | 22

6 + | 2 | 5 | 11 | 20

7 + | 20

8 + | 20

9 + | 20

Die Radzahl ist immer 20.

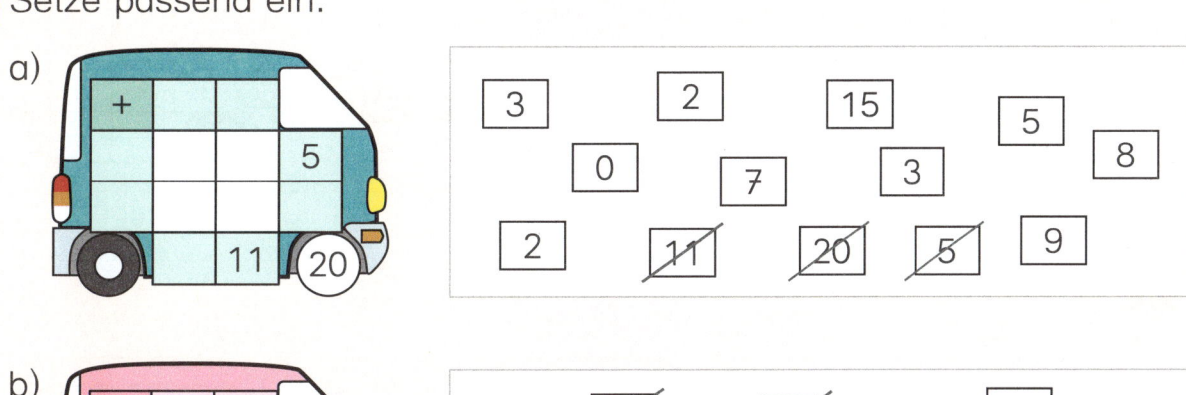

10 Setze passend ein.

a)

+ | 5 | 11 | 20

3 2 15 5
0 7 3 8
2 ~~11~~ ~~20~~ ~~5~~ 9

b)

+ | 11 | 11 | 28

~~11~~ ~~11~~ 17
10 2 7 5 ~~28~~
2 17 5 4 7

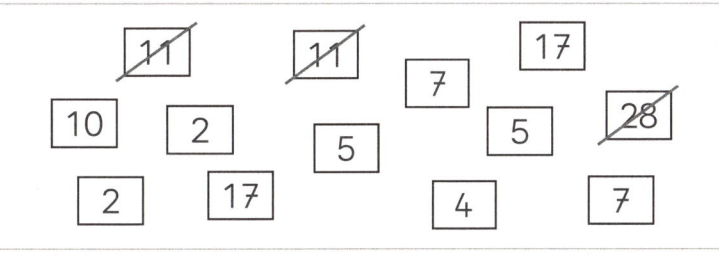

› **1–6** Fehlende Zahlen in den Plusmobilen berechnen. Zusammenhänge nutzen.
› **7–9** Hier sind verschiedene Lösungen möglich.

61

1 Finde zwei Türme mit diesen Steinen.

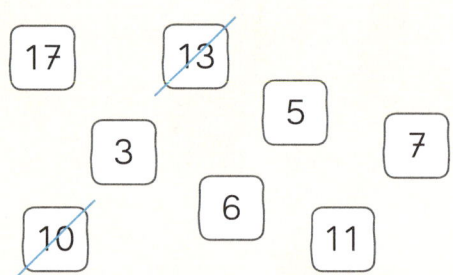

2 Finde Türme mit 3 und 7 .

3 Finde passende Zahlen.

4 Finde alle Möglichkeiten.

› 1–4 Übungsformat „Rechentürme": Zwei übereinanderstehende Zahlen addieren, das Ergebnis darüber schreiben.

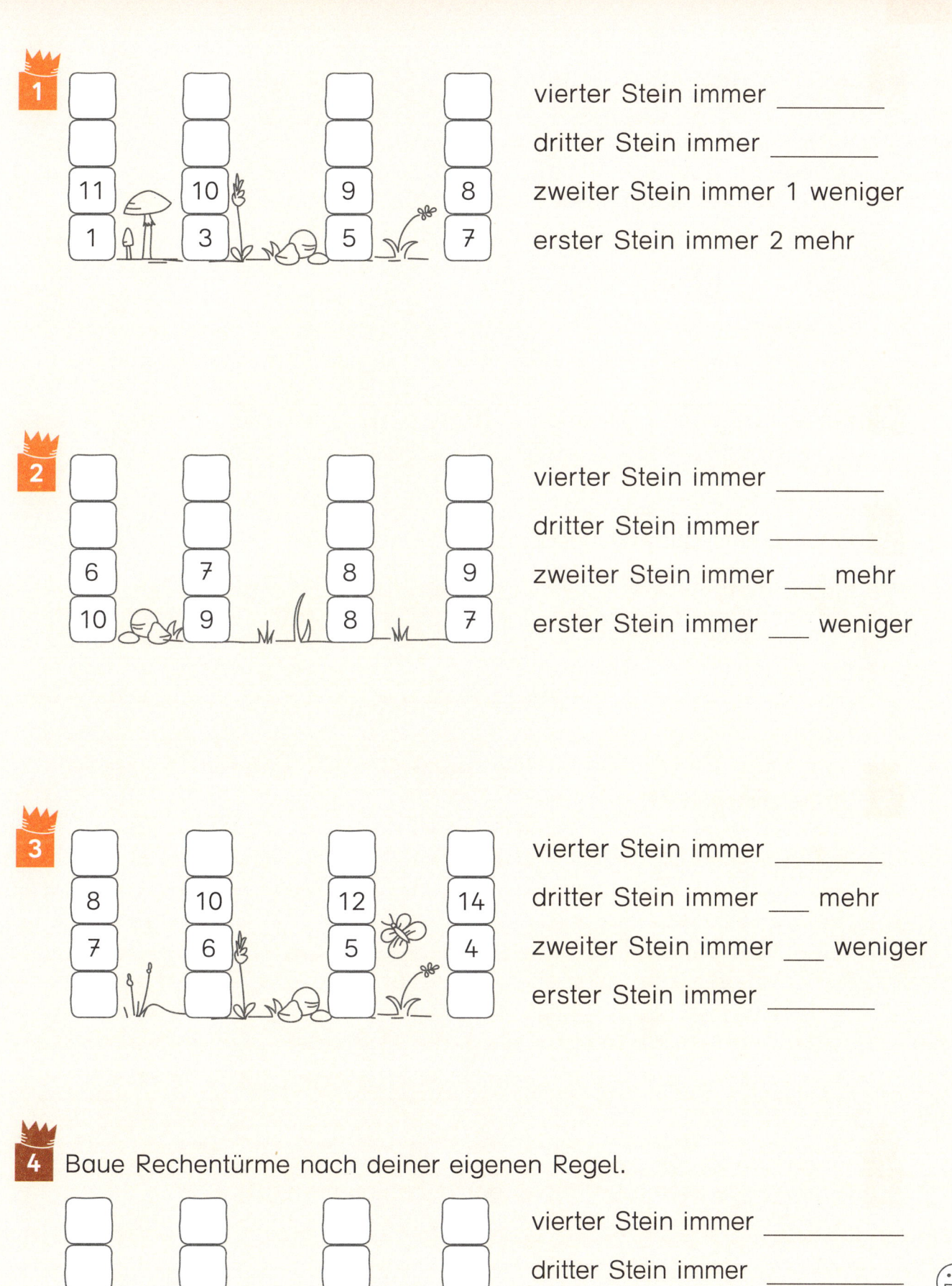

1

11	10	9	8
1	3	5	7

vierter Stein immer _____

dritter Stein immer _____

zweiter Stein immer 1 weniger

erster Stein immer 2 mehr

2

6	7	8	9
10	9	8	7

vierter Stein immer _____

dritter Stein immer _____

zweiter Stein immer ___ mehr

erster Stein immer ___ weniger

3

8	10	12	14
7	6	5	4

vierter Stein immer _____

dritter Stein immer ___ mehr

zweiter Stein immer ___ weniger

erster Stein immer _____

4 Baue Rechentürme nach deiner eigenen Regel.

vierter Stein immer _____

dritter Stein immer _____

zweiter Stein immer _____

erster Stein immer _____

› 1–4 Übungsformat „Rechentürme": Zusammenhänge erkennen, Regeln formulieren.
Bei 4 eine eigene Regel entwickeln und die Rechentürme schreiben.

63

1 a)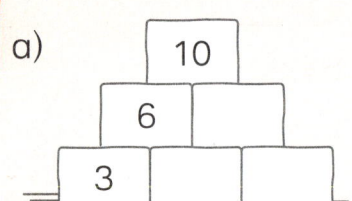
b)
c)

2 Finde verschiedene Möglichkeiten.

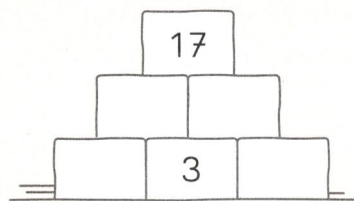 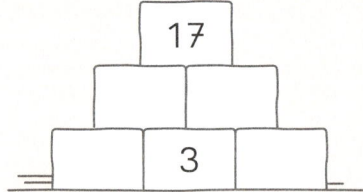 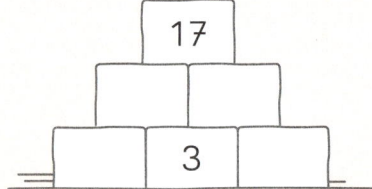

3 Finde passende Möglichkeiten.

a)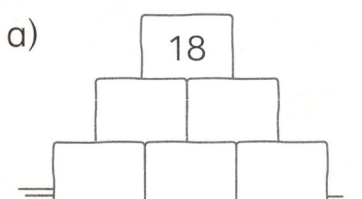
b)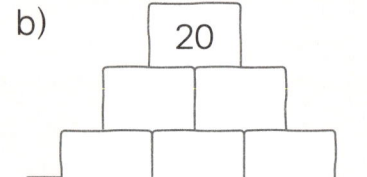
c)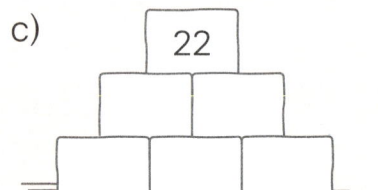

4 Setze passend ein.

a)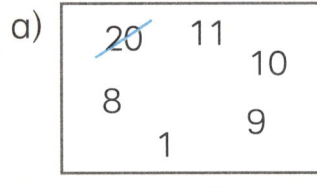
b)
c)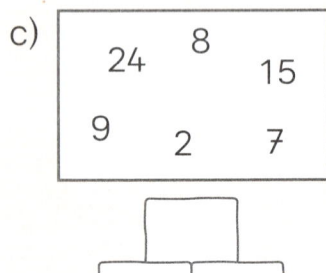

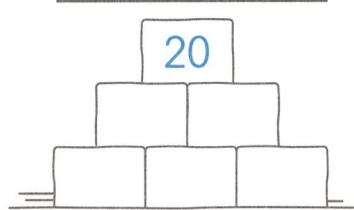 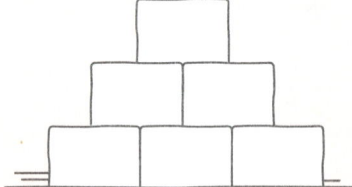 

5 Nimm diese Steine und baue damit Zahlenmauern.

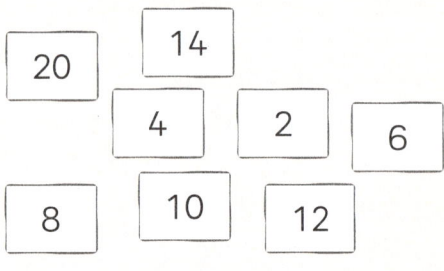 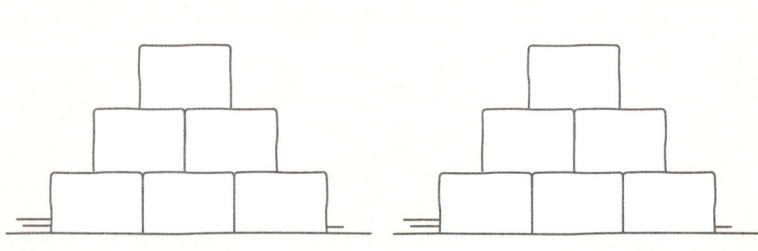

> 4–5 Für jede Zahlenmauer sechs verschiedene Zahlen auswählen und passend einsetzen.
> In **5** werden vier Steine doppelt verwendet.